U0604092

国家精品课程配套立体化教材

现代生命科学实践教学改革的研究

滕利荣　孟庆繁 等　著

科学出版社

北 京

内 容 简 介

本书是国家精品课"生物学基础实验"及国家级生物实验教学示范中心配套图书之一。全书力求将实践教学相关的各个层面规范化、制度化和科学化,从而保证高校实践教学质量的不断提高、加强创新型高素质人才的培养。

全书共分八章,包括生命科学实践教学改革概述、生命科学实践教学条件平台的建设、生命科学实践教学体系的构建、生命科学实践教学方法的建立、生命科学实践教学管理模式及运行机制的改革、实践教学师资队伍的建设、实践教学质量评价体系的构建、实践教学改革成果与辐射示范作用。

本书适合高校各级管理人员、生命科学相关专业教师、教育行业相关人员参考使用。

图书在版编目(CIP)数据

现代生命科学实践教学改革的研究/滕利荣,孟庆繁等著.—北京:科学出版社,2008
国家精品课程配套立体化教材
ISBN 978-7-03-022059-2

Ⅰ.现… Ⅱ.①滕…②孟… Ⅲ.生命科学-教学改革-教学研究-高等学校
Ⅳ.Q1-0

中国版本图书馆 CIP 数据核字(2008)第 153832 号

责任编辑:刘 丹 / 责任校对:鲁 素
责任印制:张 伟 / 封面设计:耕者设计工作室

科 学 出 版 社 出版
北京东黄城根北街 16 号
邮政编码:100717
http://www.sciencep.com

北京厚诚则铭印刷科技有限公司 印刷

科学出版社发行 各地新华书店经销
*

2008 年 6 月第 一 版 开本:787×1092 1/16
2017 年 6 月第二次印刷 印张:9
字数:220 000

定价:49.00 元
(如有印装质量问题,我社负责调换)

编写人员名单

主 编 滕利荣 孟庆繁

副 主 编 程瑛琨 逯家辉 王贞佐 陈亚光 刘 艳 王德利

编 委 （按姓氏汉语拼音排序）

陈 霞 陈亚光 程瑛琨 崔银秋 高 波 高朝辉

姜 丹 李又欣 梁涌涛 林 凤 林相友 刘 艳

刘 洋 刘成柏 逯家辉 孟 威 孟繁清 孟令军

孟庆繁 权宇彤 任晓冬 苏维彪 汤海峰 滕国生

滕利荣 田晓乐 王德利 王彦峰 王贞佐 武 毅

谢秋宏 闫国栋 张桂荣 赵建军 周 杰

注重内涵建设，发挥辐射作用
（代序）

  吉林大学生物基础实验教学示范中心（以下简称"示范中心"）自2006年被评为国家级实验教学示范中心以来，在教学体系、教学方法、团队建设、管理运行机制和优质资源共享等方面进行了综合的改革与创新，提高了实验教学质量，较好地发挥了示范辐射作用。

  1. 建立实验教学体系，搭建科技创新活动平台。一是建立适合不同年级本科生科技创新活动的教育、培养和培训体系，对一、二年级学生开设设计实验；对三、四年级学生开设研究创新实验。二是建立设计创新实验实施流程和实验室开放工作流程。三是专设一名博士生导师做总指导。四是根据实验内容配备指导教师、研究生协助指导。五是创办《大学生创新实验》期刊，与学校团委共建"大学生科技创新实践基地"，面向全校本科生设立"生命科学科技创新基金项目"和"创新实验专项奖学金"，鼓励学生开展科技创新活动。近三年来，示范中心为本科生开设自主设计创新实验155项；本科生承担学校科技创新项目26项，设计创新实验公开发表研究论文45篇，申请发明专利5项，获科技创新奖35项，获"创新实验专项奖学金"194人，因设计创新实验成绩突出被破格保送硕士研究生12人；教师获得大学生科技创新指导和组织工作奖11项。

  2. 以学生能力培养为出发点，改革实验教学内容和方法。在实验课程内容方面，一是统筹设计实验项目，整合实验课程内容，避免重复，节省学时；二是统一制订理论与实验教学大纲，统筹安排讲授内容，实现课程内容同步；三是开设专门实验课程，集中讲授实验涉及的相关理论、技术和方法；四是加强实验课程建设，做到理论课程主讲教师负责对应实验课程内容的优化和更新；五是根据生产和科研的实际应用需要，设计出同一门课程各章节之间、各门课程之间的综合性大实验。在实验教学方法上，注重培养学生养成科学、良好的实验习惯；采用开放式教学模式，满足学生个性化学习需求；增强师生互动，帮助学生解决实验中遇到的问题，加深学生对实验过程和结果的理解。

  3. 加强高水平实验教学与管理团队建设，以科学研究带动实验教学。一是建立以实验项目聘任教师的制度，要求全体教师既从事科研，又承担本科生的理论和实验教学工作。二是实行实验技术人员固定与流动相结合、竞争上岗的聘用制度。目前，中心从事实验教学的教师有36人，实验技术人员17人，其中，副教授以上25人

（博士生导师 13 人），45 岁以下的教师 100％具有博士学位或在读博士，基本解决了高水平教师为本科生上实验课少的问题。

4. 利用信息化手段科学管理实验教学全过程。一是开发了实验教学信息管理信息系统（LIMS），实现了对实验教学全过程的实时管理。二是建立起"网络小课堂"，制作了全部必修实验的多媒体课件、3 门课程的网络课件和 3 门课程的实验教学录像。三是开发了局域网络通信系统。四是建立实验室 24 小时开放的运行机制。

5. 充分利用示范中心的优质资源，发挥共享和示范作用。示范中心除了对本校学生开放外，还为长春理工大学等 5 所地方院校开设高水平生物学综合大实验。先后12 次在全国高校实验室建设与管理会议和培训班上介绍经验。接待国内外 500 多个高校实验室的同行参观交流。加强信息化建设，将管理方法和实验教学资源全部上网，资源共享，把实验教学成果从校内辐射到校外。

（摘自教育部《高等学校本科教学质量与教学改革工程简报》2008 年 4 月第 13 期）

前　言

中共中央、国务院 1999 年 6 月召开了改革开放以来的第三次全国教育工作会议，并发布了《中共中央、国务院关于深化教育改革全面推进素质教育的决定》，指出："高等教育要重视培养大学生的创新能力、实践能力和创业精神。"2007 年教育部下发教高〔2007〕1 号和 2 号文件进一步指出：推动高等学校加强学生实践能力和创新能力的培养，加快实验教学改革和实验室建设，促进优质资源整合和共享，提升办学水平和教育质量。为了培养新世纪高素质创新人才，高校已把实践教学改革作为教学改革的重要课题。

实践教学是高等教育的组成部分。社会对人才创新能力、实践能力等综合素质的需求逐步提高，因此国家对实践教学的重视程度也在提高。在国家教育发展战略中，实践教学已经被放在与理论教学同等重要的位置上。但是实践教学的起步却远远晚于理论教学，这导致很多高校尤其是一些地方院校的实践教学手段还比较落后，没有形成一个严密的体系。这些弊端非常不利于创新型人才的培养。为了满足科技发展的需要，提高人才的综合素质和国际竞争力，高等学校必须把实践教学建设放在与理论教学建设同等高度上，深化实践教学改革，建立完善的实践教学和管理体系。将实践教学相关的各个环节做精、做细、做实，搭建协调、高效的实践教学条件平台；建立完整的实践教学体系，探索适合创新人才培养的实践教学方法；确立先进、科学的实践教学管理模式和切实可行的运行机制；建设一支高水平的、可持续发展的师资队伍；制订全面系统的实践教学质量评价指标，确保实践教学可以高效率、高水平地运行，为培养学生的创新能力和实践能力提供基础与保障。

本书是在承担全国教育科学"十五"规划教育部重点项目、教育部"质量工程"项目、吉林省教育厅、吉林省教育科学领导小组、中国高等教育学会和吉林大学等相关研究课题的基础上研究成果的总结。通过在管理模式、教学体系、教学方法、自主创新实验、开放运行、团队建设和教学质量评价体系等方面进行深入的改革与创新，逐步建立起了高效、开放和适合创新型人才培养的高校生物实验教学示范中心运行机制。经过六年的研究与实践，共计承担相关教研项目 29 项，其中，国家级项目 8 项、省级项目 10 项，学校项目 11 项；公开发表教学改革论文 26 篇，其中，CSSCI 收录4 篇；主编并出版实验教学研究专著 3 部，出版实践教学专刊 1 期，出版实验教材 9部；获各类教学改革奖励与荣誉 63 项（国家级 7 项、省级 33 项）。本科生承担各类创新计划研究项目 227 项（国家级 6 项、校级 42 项、基地 179 项），发表科研论文 86篇（SCI 收录 12 篇，EI 收录 4 篇、核心期刊 60 篇），竞赛获奖 148 项（获中国青少年科技创新奖 2 项，获得全国大学生"挑战杯"一等奖 2 项，吉林省大学生"挑战杯"奖 6 项，校级奖 41 项，基地奖 97 项）。

目前已经有国内外 600 余个实验室前来访问交流。先后得到多位国家领导人和同行专家的好评。2006 年 9 月中共中央政治局常委李长春视察实验中心后评价："整合学校资源，实现资源共享；实验室开放；学生既有必修实验，还有选修实验和研究创新实验；除了基础实验外，还有实训实验。这四个环节非常重要，你们做得很好！"

为了促进高等学校实践教学，深化实践教学改革和实践管理体制改革，加强高等学校实验室建设，不断提高管理水平，充分发挥实验室和仪器设备的使用效率，提高实验教学质量，完善符合高素质、创新型人才培养需要的实践教学与管理体系，我们把吉林大学生物实验教学示范中心建设的点滴经验汇集成册介绍给大家，与各位同行交流并相互借鉴，以期促进共同发展，恳切地希望得到同仁们的进一步关心和指教。

本书的作者多为具有多年实践教学和实验室管理经验、潜心钻研实践教学改革、致力于实验室建设、具有一定专业水平和科研能力的一线教学人员。但由于实践教学是一个博大精深、专业性强的科学范畴，而作者的水平和认识有限，编写过程中难免存在不足之处，错漏在所难免，恳请同仁不吝赐教，以便改正。

本书在出版过程中得到了各界人士的支持与帮助，在此一并表示感谢！

著　者

2008 年 3 月

目　　录

注重内涵建设，发挥辐射作用（代序）

前言

第一章　生命科学实践教学改革概述 ································· 1

　1.1　实践教学条件平台的建设 ································· 2

　1.2　实践教学体系的改革 ································· 2

　1.3　实践教学方法与手段的改革 ································· 3

　1.4　实践教学管理模式的改革 ································· 3

　1.5　实践教学运行机制的改革 ································· 4

　1.6　实践教学创新团队的建设 ································· 5

　1.7　优质资源共享 ································· 5

第二章　生命科学实践教学条件平台的建设 ································· 7

　2.1　实践教学条件平台建设存在的主要问题 ················· 7

　2.2　实践教学条件平台的建设思路 ························· 8

　2.3　实践教学条件平台体系的建设 ························· 9

　2.4　四个平台的特点 ································· 16

　2.5　以人为本的环境设施条件建设 ························· 17

第三章　生命科学实践教学体系的构建 ··························· 18

　3.1　实践教学体系建设存在的主要问题 ················· 18

　3.2　实践教学体系的建设思路 ························· 19

　3.3　实践教学体系的构建 ································· 19

第四章　生命科学实践教学方法的建立 ··························· 28

　4.1　实践教学方法存在的主要问题 ························· 29

　4.2　实践教学方法的改革思路 ························· 30

　4.3　实践教学方法的建立 ································· 31

第五章　生命科学实践教学管理模式及运行机制的改革 ········· 41

　5.1　实践教学管理模式存在的主要问题 ················· 41

　5.2　实践教学管理模式的改革思路 ························· 42

　5.3　实践教学管理模式的建立 ························· 43

5.4　开放运行机制的建立 ……………………………………………… 51

第六章　实践教学师资队伍的建设 ……………………………………… 56

6.1　实践教师队伍建设存在的主要问题 ……………………………… 56

6.2　实践教师队伍的建设思路 ………………………………………… 57

6.3　实践教师队伍的建设 ……………………………………………… 57

6.4　实践教师队伍的培养培训 ………………………………………… 62

6.5　师资队伍建设效果 ………………………………………………… 63

第七章　实践教学质量评价体系的构建 ………………………………… 65

7.1　实践教学质量评价体系存在的问题 ……………………………… 65

7.2　实践教学质量评价体系建立的原则 ……………………………… 67

7.3　实践教学质量评价体系评估方式 ………………………………… 68

7.4　学生实践成绩的评定方法 ………………………………………… 72

第八章　实践教学改革成果与辐射示范作用 …………………………… 78

8.1　实践教学改革成果 ………………………………………………… 78

8.2　辐射示范作用 ……………………………………………………… 81

参考文献 …………………………………………………………………… 83

附录 ………………………………………………………………………… 85

附录Ⅰ　吉林大学国家级生物实验教学示范中心实践课程设置 ……… 85

附录Ⅱ　吉林大学国家级生物实验教学示范中心管理制度 …………… 86

附录Ⅲ　吉林大学国家级生物实验教学示范中心承担的教学改革项目……… 122

附录Ⅳ　吉林大学国家级生物实验教学示范中心发表教学改革研究论文…… 124

附录Ⅴ　吉林大学国家级生物实验教学示范中心获各类教学改革奖励与荣誉
　　　　 …………………………………………………………………… 126

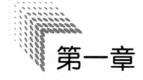

第一章

生命科学实践教学改革概述

在知识经济的时代，国家的创新能力，包括知识创新和技术创新能力，是决定一个国家在国际竞争和世界格局中地位的重要因素。党和国家提出要建设创新型国家，提高我国自主创新能力，促进我国经济建设快速健康的发展。建设创新型国家、提高民族自主创新能力，归根结底是要有创新型的人才。这种人才是一个国家可持续发展的优势和根本所在，是宝贵的资源。加快对创新人才的培养，是在激烈的国际竞争中求得生存和发展的唯一出路。面对世界对人才的竞争，高等教育面临着严峻的考验，肩负着特殊的历史使命。为此，教育部 2007 年相继下发了教高〔2007〕1 号文件和教高〔2007〕2 号文件，指出：大力加强实验、实践教学改革，重点建设 500 个左右实验教学示范中心，推进高校实验教学内容、方法、手段、队伍、管理及实验教学模式的改革与创新。开展基于企业的大学生实践基地建设试点，拓宽学生的校外实践渠道。实施大学生创新性实验计划，支持 15 000 个由优秀学生进行的创新性实验，促进学生自主创新兴趣和能力的培养。择优选择 500 个左右人才培养模式创新实验区，推进高等学校在教学内容、课程体系、实践环节等方面进行人才培养模式的综合改革，探索教学理念、培养模式和管理机制的全方位创新，从而加快具有国际竞争能力人才的培养。

生物技术产业作为正在崛起的 21 世纪的主导产业之一，将成为全球经济新的增长点。21 世纪要实现我国经济的跨越式发展，生命科学与技术产业化将是最佳切入点之一。我国生命科学研究较之发达国家起步较晚、投资较少，但在广大生物科技工作者的努力下，已经取得了令人瞩目的成绩。然而，由于多种原因，尤其是生物技术产业化人才的缺乏，导致我国相当一批具有较大开发价值和广阔市场前景的生物技术成果不能进入市场，而进入市场的产品缺少足够的国际竞争能力。其主要原因是缺乏生命科学基础研究和具备创新、创业管理能力的人才。因此，加强现代生命科学实践教学的改革，是加速我国生物科学基础研究人才和生物高新技术产业化人才培养的需要，是推动学校面向市场、面向产业办学思想的重要实践。要抓住机遇，加快建设，努力建成集教学、研发与产业化功能于一体的生物基础科学研究和创新、创业和管理高层次人才培养的实践教学基地，为21世纪我国生物高新技术产业发展培养各类高水平人才。

几年来，吉林大学生命科学学院围绕提高教学质量，以倡导启发式教学和研究性学习为核心、以激发学生的兴趣和潜能为重点、以培养学生的团队意识和创新精神为目的，在实践教学平台建设、教学体系、教学方法、团队建设、管理模式、运行机制和质量保障体系等方面进行了系统的综合改革与创新，学生实践能力和创新能力不断提高，实践教学质量大幅度提升，辐射示范作用显著。

1.1　实践教学条件平台的建设

实践教学条件平台的建设也必须贯彻以人为本的方针，首先，要通过分析教师与学生的根本需要，搭建有利于学生知识接受、能力培养和素质提高的实践教学条件平台，配置先进的实验室软硬件设施，并使其最大程度地发挥作用。只有实验条件一流，才能满足现代大学生对生命科学前沿知识的获取愿望，满足教师研究的需要。实践教学条件平台是学生开展实践活动、掌握实践技能、提高综合素质、实现全方位育人的必要条件。只有建立科学、系统的实践教学条件平台体系，才能保证人才培养方案的顺利实施。随着高等教育的不断发展，高校实践教学投入不断加大，实践教学条件不断得到改善，但如何根据学科建设与发展，科学规划和搭建有利于高素质创新型人才培养的实验、实训、实习和科研训练融通的实践教学条件平台，已成为高等学校实践教学改革面临的重要问题。因此，实践教学条件平台的建设要本着与学科建设、本校人才培养目标和人才培养整体方案相配套的原则进行设计和建设，并根据社会发展的需求，结合本校的人才整体培养方案和学科的建设与发展需要，进行科学规划和顶层设计，通过整合与优化教育资源的配置，搭建基础实验、专业实验、校内实训、科研生产与管理实习和大学生创新实践五个方面相衔接的、系统的实践教学条件平台体系，创建一流的教育教学条件，凝聚一批教学与科研兼容的高水平教师队伍，使之成为现代生命科学教育研究与实践的窗口和国家高层次生物学优秀人才培养的示范基地。

1.2　实践教学体系的改革

实践教学体系、内容，是实践教学改革的重点，关系到人才培养目标能否实现，关系到人才培养的质量和水平。科学的实践教学体系、内容，应既有利于学生知识、技能和方法的掌握，又有利于学生科学思维和创新能力的培养及综合素质的提高。目前，随着高等学校实践教学改革的不断深入，如何构建科学、系统的实践教学创新体系，使实践教学、理论教学和科学研究有机结合，实践教学内容和技术方法科学综合，是高等学校实践教学改革面临的主要问题。为此，在实践教学体系建立时，要结合学科发展和课程内容的特点，加强实践教学内容体系的顶层设计；要进一步精选、整合实验课程内容，加强综合性、设计性和研究创新性实验的设置，加强实验知识、技术和方法的科学综合，使实验教学与理论教学二者间合理衔接；加强实验内容与科研、生产实际应用的结合，保持实验内容的先进性，以科研带动实验教学；加强实践教学配套精品教材的建设，使之有利于学生自主学习、合作学习和研究性学习；加强基础实验和实训、实习内容的有机结合，逐步提高学生综合实践能力和创新能力；在人才培养的整体框架内建立与人才培养目标相一致、可内外结合、适合不同层次学生创新实践教育的内容体系，保证学生创新实践教育的可持续发展。通过科学、系统的实践教学内容体系的建立，使生物学实践教学的思想和内容达到国内领先水平，接近发达国家水平，使之真正适合现代生命科学发展需要的优秀人才培养。

1.3　实践教学方法与手段的改革

实践教学方法是实践教学内容体系有序实施的保障，是激发学生兴趣、开发学生智力潜能、培养学生良好习惯和综合素质的手段，是能否达到预期教学效果和实现预期人才培养目标的关键。先进的实践教学方法应该有利于教学思想和教育理念的贯彻；有利于学生实验兴趣和实验积极性的调动；有利于学生科学思维和创新能力的培养。目前，国内各高校在实践教学上都不同程度的沿袭了传统实验教学模式，即实验课堂上讲授实验步骤和方法，学生根据原来设计好的实验步骤按部就班的操作。这种方法的弊端是模式固定化，操作简单化，仪器设备在实验课堂上临时训练，不仅不利于学生牢固地掌握仪器设备的实用技术，而且还占用大量学时；仅凭实验报告和实验考试评定实验成绩，不能起到引导学生知识、能力和素质协调发展的目的。不利于学生自主学习，不利于学生科学思维的形成。为此，要改变以教师为中心，课堂讲授为中心的传统实践教学方法；采取以学生为主体，以教师为主导，以教材为依据，课堂讲授和实际操作、自主设计相结合的"启发式、研究式"教学方法，将精讲、自学、辅导、讨论、启发等要素融入其中，使教师与学生积极互动，激发学生学习的主动性和积极性，引导学生积极思维、独立思考，提高学生发现问题、分析问题和解决问题的能力，引导学生质疑、探究、创新和实践。同时，通过重视学生实验习惯培养、加强学生仪器使用技术培训、加强课前预习考核、加强课后讨论、恰当应用现代化教育教学手段辅助教学、建立实验成绩综合评定方法，建立起符合学生认知规律的实践教学方法，来推进学生自主学习、合作学习和研究性学习，提高学生的创新精神与创新能力。

1.4　实践教学管理模式的改革

实践教学管理主要是对实验室的全部资源和全部实践教学活动的管理。通过建立以人为本的管理方法,实现实践教学管理全方位育人的功能。实验室功能的有效发挥,是通过有效的管理来激发人的主观能动性与创造性,推动实践教学和科学研究顺利进行来实现的。实践教学的管理对象包括人、物、信息、经费和与教学活动相关的一切事件。主要包括:实验室建设规划、功能设置,管理模式与运行机制,仪器设备配置与使用,实验材料与低值易耗品管理,实验室基本信息管理与档案管理,实验教学队伍建设与培训,实验教学与科研实验管理,实验室的经费使用与检查等。主要表现在教师与科研技术人员对学生的管理、管理人员对实验室内部的管理所产生的教育、引导、陶冶的功能,从而为人才培养整体方案的实施提供保障。

实验室管理体制是实践教学管理改革的关键,直接影响到实践教学的各项改革能否顺利进行;影响到现代生命科学实践教学改革能否适应高等教育的迅猛发展;影响到实践教学质量和人才培养质量能否提高。因此,实践教学管理的改革,首先是要改革实验室管理体制。只有改革原有不利于发挥实验室功效的管理体制,实践教学的一系列改革才能得以顺利进行。近年来,随着教育事业的快速发展,各级部门对教学实验室的建设与发展非常重视,先后利用"211"工程、"985"行动计划、世界银行贷款、日元贷款、省部共建、中央财政修缮项目和学校自筹等经费投入,极大地改善了实验教学条件,一大批先进的仪器设备、实验装置充实到实践教学中,使其在学校育人环境中的资源优势更加突出。但如何充分调动并利用这些教育资源,使其在高素质人才培养中发挥应有的作用,是高等学校面临的新课题。目前,多数高校都将分散的实验室组建成了实验教学中心,但真正实现人、财、物统一管理,资源共享的还很少,没有通过科学化管理使现有的教学资源发挥应有的作用,明显阻碍了实践教学改革的进程。因此,应该进一步深化实验室管理体制改革,彻底改变原来"诸侯割据"的现象,通过整合现有的优质教育资源,实现资源共享,发挥各种教育资源在人才培养中的作用;通过加强对实验教学各环节制度化、规范化和信息化的管理,来实现对实验教学全过程的科学管理,从而最大限度地活化现有教育资源,把有限的人力、物力、财力充分调动起来真正为实践教学改革服务,最终使实践教学各项改革落到实处,资源共享效益才能凸显成效。

1.5　实践教学运行机制的改革

学生实践能力和创新能力的培养,是通过科学的实践教学内容实施实现的。实践教学改革的思想和人才培养方案能否很好地贯彻和落实,实践教学的有效运行是关键。实践教学的运行涉及实践教学的各个方面和各个环节,包括实践教学条件平台建设、实践教学计划的制定、实践教学的组织、实验教学方法的建立、实验室的开放、实践教学的管理、实践教学效果评价等。因此,实践教学运行机制的改革,要根据实践教学的实际情况进行综合的改革,同时,要结合学生个性的发展和创新思维的培养、激发创新愿望、调动创新积极性和主动性等方面,建立起开放式教学模式。实验室对学生实行全方位开放，为学生科技创新提供空间环境，这是顺应实践能力和创新能力人才培养的需要。目前，如何实现实验室安全、有效地开放运行，是各高校实验室面临的一个重要课题。对此，应该通过搭建大学生科技创新实践条件平台、构建科技创新实践教育内容体系、建立系统的实验室开放质量保证体系等方面入手，保证学生创新意识、创新精神、创新能力、科学思维和实事求是科学态度的培养。

1.6　实践教学创新团队的建设

育人的关键是要有高素质育人的人，这些人在向学生传授知识、培养学生能力的同时，还应注重提高学生的综合素质，在授业解惑之中把学生塑造成为具有健康人格和良好素养、积极进取的优秀人才。只有教师具有较高的学术水平、专业知识、实验技术和良好的师德风范，才能提升育人的质量和层次。实践教学与管理的队伍，是人才培养方案的设计者、组织者和实施者，从某种意义上说，实践教学与管理队伍的建设直接影响人才培养质量。多年来，由于受"重理论、轻实践"思想的影响，从事实践教学与管理工作的高水平教师较少，结构不合理，积极性不高，实践教学与管理队伍的建设成了各高校实践教学面临的又一重要课题。因此，加强实践教学创新团队的建设是提高实践教学质量的关键。首先要有一个具有崇高政治修养、精湛业务素质、较强组织协调能力、强烈事业心和责任感、吃苦耐劳的敬业精神、与时俱进的创新意识和丰富的实验室建设与管理经验等素质的实践教学改革的领导核心；其次要建立起有效的实践教师聘任机制，创造有利于事业和个人共同发展的环境条件，结合工作需要，充分发挥每个人的特长，让他们的才能得以发挥，价值得以实现，这样才能调动高水平教师参与实践教学和实验室管理的积极性；再次要通过各种培训与交流，拓宽实践教师的知识面，提升教育理念、学术水平、技术水平、教学水平和管理水平；最后要加强师德建设，真正把教书育人、育人为本贯穿于实践教学的各个环节。随着科学技术的不断发展，新知识、新技术、新方法的不断出现，现代化实验室管理手段不断更新，实验教师的知识和理念也应不断更新，这样，才能从容应对新形势下人才培养过程中出现的新情况、新问题。只有建立起一支教育与管理理念先进，理论教学、实践教学和科学研究互通，核心骨干相对稳定，结构合理，爱岗敬业，团结协作，勇于创新的实践教学团队，才能保证实践教学质量的不断提高。

1.7　优质资源共享

尽管我国对高等教育的投入较发达国家少，但近几年来，国家为了实现科教兴国的战略，对高等教育也正在加大人力、物力和财力的投入，目的是提高高等教育的综合效益。目前，在各高校教育教学资源发展不平衡的状况下，必须充分发挥各高校优质资源共享的作用。教育部为了充分发挥优质资源在人才培养中的作用，2007 年启动了"质量工程",开展了"国家级实验教学示范中心的建设"、"国家级精品课程建设"、"国家教学名师"、"大学生创新性实验计划"、"大学生人才培养模式示范区"、"特色专业"等建设研究项目,目的是为全国高等学校教育教学改革提供示范经验,为各高等学校提供优质教育资源,促进高等学校优质教育教学资源的共享,推进高等学校教育教学的改革与创新,带动高等学校人才培养模式的创新与发展,从而全面提高高等教育教学质量。因此,针对目前各高校实验室发展状况,实现实践教学优质资源共享势在必行。实践教学资源共享可以分不同层次:可通过改革实验室管理体制,实现实验室内部的共享;可通过加强实验室开放,实现本校和地区的共享;可通过网络和现代信息技术,实现各高等学校间教学改革经验交流和优质教育资源的共享;可以通过增强教师的责任意识、示范意识、荣誉意识、贡献意识和团队意识,加强高校实验室间的交流与合作,实现教学改革和管理改革经验的共享;可以通过积极发表教学研究论文,交流经验和体会,实现教学改革理念与教学成果的共享。

总之,实践教学的改革,是一项系统工程,需要在实践教学条件建设,实践教学内容体系的构建,实践教学创新团队,实践教学管理模式、运行机制、优质资源共享和实践教学质量评价体系等诸多方面进行综合的改革与创新。同时,实践教学改革也是一项长期工程,需要各级领导部门高度重视,制定相应的政策措施,需要全体教育工作者长期不懈的努力,才能使高校培养具有国际竞争能力的优秀人才成为可能,并且实现跨越式发展。

第二章

生命科学实践教学条件平台的建设

实践教学条件平台建设是实践教学的基础，是实践教学计划顺利实施的前提，是实践能力和创新能力人才培养的重要支撑。只有搭建科学、系统、完整的实践教学条件平台，才能满足新形势下对人才培养的需要，才能保证人才培养方案的顺利实施，才能保证人才培养目标的实现。因此，高等学校实验室的建设，首先要搭建满足不同层次人才培养需要的实践教学条件平台。随着高等学校教学改革的不断深入，实验室建设越来越得到各方面的高度重视，各高等学校通过"211"工程、"985"工程、中央财政修缮项目、世界银行贷款、日元贷款和学校自筹等都不同程度地加大了对实验室建设的投入，使得高等学校实践教学条件有了明显的改观，这无疑对实现我国高素质创新型人才培养的跨越式发展提供了强有力的硬件支撑。但从高等学校实验室建设的发展角度看，各高校对教学实验室建设的投入不同，实验室条件建设发展不平衡，部分教学实验室的建设缺乏顶层设计，实验室的布局与结构设计、仪器设备的选型与配备和以人为本环境设施的建设等还不同程度地缺乏系统性和科学性。我们针对实践教学条件平台建设存在的主要问题，本着有利于贯彻落实"加强基础、拓宽知识、培养能力、激励个性"人才培养思想作指导，根据我校生物学科建设的总体规划和人才培养目标，结合实践教学改革整体方案实施的要求，在基础实验教学、实训基地教学、实习基地教学和大学生创新实践教育等方面，建立了四个实践教学条件平台，共同组建集产、学、研功能于一体，适合生物学科基础研究人才和创新、创业及管理高层次人才培养的实践教学条件平台体系，以适应我国生命科学与技术高层次人才培养的需要。

2.1 实践教学条件平台建设存在的主要问题

随着我国高等教育的发展，对高校实践教学的投入大幅度增加，实践教学条件得到较大的改观，但仍然还有相当一部分实验室的环境条件较差，实验室规模小、分散，使用面积不足、功能单一、有效利用率低，环境简陋、安全设施缺乏；仪器设备配套不足，先进仪器设备数量较少，不利于学科之间的渗透和科研训练，不利于学生实验技能、综合能力和创新能力培养等，明显地阻碍实践教学的发展和水平的提高，影响了大学生创新精神和实践能力的培养。

很多高校师生教学需要的各种图书资料经费投入不足，无法保障最新的国外专著、国外原版教材、期刊、教学参考书和电子图书的采购。教学网站、师生互动平台尚未完善，无法保证全部的多媒体课件、网络课程和教学视频录像等教学资源在网上良好运行，影响学生自主、独立、创新学习的需要。很多高校信息化和现代化管理设施配套并不完善，教学管理办法不够规范，创新实践教育环境不够完善。这些都阻碍着大学生创新实践能力的培养。

国内建立生物技术校内实训基地的高校较少。自改革开放以来，受市场经济、资金短缺和相关政策的影响，许多高校的校内专业实习基地转变为独立经营的企业化实体，并大都与学校脱钩，改变了其成立之初的为教学服务的宗旨，很少承担本科生专业实验、认知实习、模拟生产实际训练和毕业论文等实践教学任务。由于受资金和实验室场所的限制，不能建立完善的生物技术校内实训基地，使学生实训环节不能得到充分有效的保障。

实习基地建设模式尚需完善。生物技术企业多为高新技术企业，对生产的环境、技术要求较高，由于企业担心干扰正常的生产秩序，影响经济效益，学生实习很难进入生产的核心部位，更不能实际操作训练。许多企业不愿甚至拒绝接待学生实习，有的即使接待，也往往是走马观花地参观，学生根本得不到相应的专业技能培训。一些高校没有建立相对稳定的校外实践教学基地，分散性、临时性、随意性的实践实习较多，不利于教师及时指导和解决学生在实践中出现的问题，不利于对实践教学实习的统一安排和管理，不利于学生自主创新意识和良好工作作风的形成。因此，如何从体制上、政策上和建设模式上保证实习基地的正常运转，鼓励企业接受学生实习，是目前亟待解决的问题。

尽管很多高校在实践条件和实践教学的各个环节上已经进行了一定的改进，但是在整个实践教学平台的建设和布局上仍然缺乏顶层设计和长远规划，实践教学经费的派发和实验仪器设备的采购缺乏全局性、系统性和科学性，实习基地建设缺乏实用性和创新性，阻碍实践教学的继续发展和水平的提高，影响了大学生创新精神和实践能力的培养。因此实践教学条件平台建设的改革，已经成为高等教育教学改革的重要内容之一。

2.2　实践教学条件平台的建设思路

在"加强基础、拓宽知识、培养能力、激励个性、提高素质"人才培养思想的指导下，创造以学生为本的人文环境，坚持把知识传授、能力培养和素质提高始终贯穿于实践教学的教学理念，从人才培养方案实施的整体出发，以培养学生实践能力和创新能力为核心，构建分层次、相互衔接、科学系统、完整的现代生命科学人才培养实践教学条件平台体系，以满足具有国际竞争能力人才培养的需要。

通过搭建基础实验、校内实训、科研生产实习、创新实践训练等相互衔接的实践教学条件平台体系，组建结构布局合理、实验装备精良、设施完备、队伍整齐、教材先进、运作规范、管理一流，集产、学、研功能于一体的实践教学基地，以满足知识、能力、素质全面协调发展的创新型人才培养的需要。

2.3 实践教学条件平台体系的建设

实践教学条件平台的建设要体现系统性、科学性和实用性。在有限的财力和物力的前提下本着勤俭节约、以人为本、资源共享的原则进行科学设计、合理规划，以保证人才培养方案顺利实施。针对如何构建以学生为本，使实验、实训、实习和科研训练为一体的实践教学条件平台建设问题，结合吉林大学生物学科人才培养的总体方案要求，搭建了包括基础实验教学平台、校内实训基地教学平台、实习基地教学平台和创新实践教学平台等为建设内容的现代生命科学实践教学平台体系（建设模块见图2-1）。

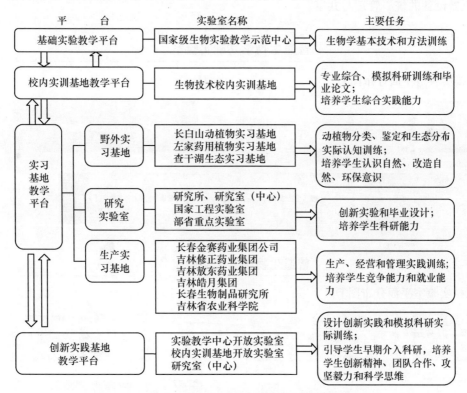

图 2-1 现代生命科学实践教学条件平台体系模块

2.3.1 基础实验教学条件平台建设

基础实验教学条件平台是培养学生基本实验技能、牢固掌握相关基础理论知识、养成良好实验习惯、培养科学思维的基础。吉林大学生物基础实验教学条件平台是 1999 年利用世界银行贷款、"211"工程、"985"工程和学校投资建设的。现有教学实验室面积 4500m^2，教学专用仪器设备 2331 台（件），其中，10 万元以上设备 32 台，仪器和实验家具总投资 2098 万元。承担植物生物学、动物生物学、微生物学、遗传学、细胞生物学、生物化学、免疫学和分子生物学等生物学基础实验教学。基础实验教学条件平台重点从实验室规划、仪器设备的配备与选型、实验室家具设计与选择等方面进行建设。

（1）实验室规划与设计

根据生物学基础实验教学改革后的内容体系，合理规划实验室的面积、空间、布局和结构，力求实验室的设计、设施、环境体现以人为本，安全、环保方面严格执行国家标准，应急设施和措施完备。我们根据生物学基础实验自身的特点，结合整合后的实验教学内容体系，将生物学基础实验室划分为普通生物学基础实验室和现代生物学基础实验室两部分。实验室的布局与结构如图 2-2、图 2-3 所示。更有利于实验室和仪器设备的统一管理与共享。

普通生物学基础实验室

【二楼实验室平面分布图】

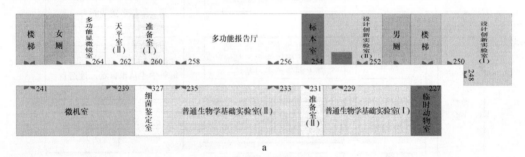

a

普通生物学基础实验室

【三楼实验室平面分布图】

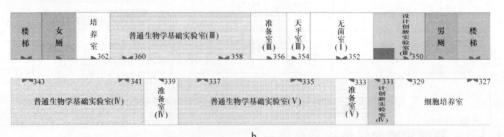

b

图 2-2　普通生物学基础实验室布局与结构图

现代生物学基础实验室

【四楼实验室平面分布图】

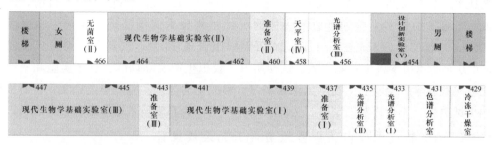

图 2-3 现代生物学基础实验室布局与结构

（2）仪器设备的配备与选型

仪器设备配备本着节约、选优、量大面广的原则。根据实验教学的实际需要选配仪器设备。做到基本仪器设备每位学生一台，大型设备力求满足教学需要。较大型设备在选型时，要广泛调研，充分论证，根据需要合理选配相关配件。目前选配的仪器设备品质优良、组合优化、配置合理、数量充足，在满足学生基本技能、基本方法训练的同时，也能够满足高水平实验、设计实验、创新实验开设的需要。

（3）实验室家具设计与选择

实验室家具设计的改进与选择是实验室建设重要改革内容。一个现代化实验室内的家具，不但应具有优良使用功能，还应具备整洁明朗的外观和色彩，以改善室内环境，体现特色化、实用、环保的风格，反映我国工业化的较高水平。在实验教学家具设计与选择时，不同的实验室根据不同需要，都有着不同的选择，但都应遵循适用、安全、耐用、经济、环保等原则。在实验家具的设计与选择时注意了以下几点：

本着以人为本的原则，在实验台设计时，抽屉设计了斜坡，这使得学生做实验的过程中能够活动自如。生物实验家具应特别着重耐污性、易清洗、抗磨损以及抗细菌真菌侵蚀的性能。因此，实验台面选用耐酸碱腐蚀的特殊材料，实验台柜选用环氧树脂喷涂。而且每个实验台都配备相应的柜子存放实验材料和实验药品。实验台上还配备特制的支架，可以代替铁架台，为生化实验特别是层析实验提供了很大的便利。每个实验室都专门定制了衣柜，供学生做实验时放置书包、衣服等。对于不同的仪器，根据其自身的特点，定制不同的仪器台加以放置。实验室家具的封边，要求厚实且牢固，并且选择无味的封边胶，以达到环保要求。水池台的台面没有使用贴面理化板，因而可以防止出现因长期被水浸泡而起泡脱落或开裂的现象。五金配件也经过认真挑选，如合页等配件，一旦损坏，即使实验室家具是完好的，也同样影响使用。

2.3.2 实训基地教学条件平台建设

生物技术企业多为高新技术企业，对生产的环境、技术要求较高，学生实习很难进入生产的核心部位，为此，我们建立了校内实训基地。根据生物学科发展的特点，重点从基因工程技术、细胞工程技术、发酵工程技术、产物的分离纯化技术、生物制剂技术和分析检测技术等方面建立了校内实训教学工艺路线（图2-4）。目前，已建成一个集生物技术上游和下游为一体的现代生物技术实训基地。现有实验室面积 1000m²，仪器设备 369 台，其中，10 万元以上设备 18 台，仪器和实验家具总投资 560 万元。承担本科生专业实验、认知实习、模拟生产实际训练、创新实验和毕业论文等实践教学；全校非生物学生认知实习；研究生的选修实验、毕业论文；科研成果的中试放大、小量样品的制备；为高校培养师资；为高新技术企业培训技术人员。

（1）生物技术校内实训基地实训工艺路线设计

根据生命科学实践教学整体培养方案的设计，在生物学基础实验训练的基础上，重点建设基因工程、细胞工程、酶工程、发酵工程和活性产物分离纯化、生物制剂及分析检测实训工艺路线（生物技术校内实训工艺模块见图2-4）。

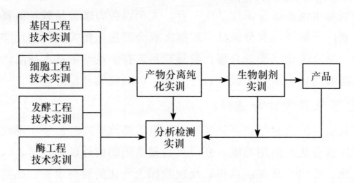

图 2-4　生物技术校内实训工艺模块

基因工程技术实训：建立了无菌室、培养室、鉴定室等，配备了基因电击转移仪、PCR 仪、电泳仪、电泳转移仪、全自动灭菌设备、全温培养箱、全温培养摇床等设备，可进行菌种制备，基因工程菌的构建、培养、表达和性质表征、鉴定等实际操作训练。

细胞工程技术实训：建立了植物细胞培养室和动物细胞培养室。植物细胞培养室配备了细胞融合仪、光照培养箱、进口调温调湿培养箱、细胞培养罐、全自动灭菌设备、显微操作系统等，可进行植物细胞融合、植物组织培养、植物细胞的悬浮培养、转基因植物的培养等实践技术，可满足学生植物细胞培养的基本程序、基本方法的实际操作训练。动物细胞培养室建立了 120m² 的百级细胞培养室，配备了二氧化碳培养箱、超净工作台、低温冰箱、多功能显微镜等设备。可进行原代细胞培养和传代细胞培养基本操作、全部的培养过程、生长特征观察等并进行训练。

发酵工程技术实训：建立了发酵室，配备了全温摇床、5L 全自动四联发酵系统、10L 全自动发酵系统和 100L 全自动发酵系统等设备，可进行发酵动力学模型的建立、逐级发酵放大培养的实际操作训练。

酶工程技术实训：建立了低温层析室，配备了层析柜、层析系统、双向电泳系统等设备，可以进行酶的分离纯化、表征等实际操作训练。

产物的分离纯化技术实训：建立了提取室、离心室，配备了中试型多功能提取系统、中试型二氧化碳超临界萃取设备、制备型高压液相、中试型版框超滤系统、大型低温冷冻高速离心机等设备，可进行生物大分子物质的分离纯化过程的操作训练。

生物制剂技术实训：建立了制水室、生物固体制剂室、液体制剂室和符合 GMP 标准的 $150m^2$ 低温百级制剂室，配备了中试型智能压片机、胶囊机、软胶囊机、滴丸剂、封口机、铝塑包装机、灌装机、冻干机、喷雾干燥机、多功能流化床、微球机、纳米机、标签机、胶体磨、制水系统、涂膜机等，可用于生物制剂技术全过程操作训练。

分析检测技术实训：建立了光谱室、色谱室、粒度分析室、电泳室等，配备了大型紫外分光光度计、荧光分光光度计、傅里叶变换近红外光谱仪、傅里叶变换红外光谱仪、生化分析仪、凝胶成像分析系统、激光力度分析仪、高效液相色谱仪、气相色谱仪、脆碎度检测仪、崩解仪、凯氏定氮仪等设备，可进行各种分析检测技术的训练。

（2）实训基地实验室布局设计

根据设计的生物技术实训工艺路线和实训内容体系，本着工艺顺畅、安全环保、以人为本、资源共享的原则，合理规划实验室的面积、空间、布局和结构。实训实验室的布局与结构如图 2-5 所示。

校内实训基地

【一楼实验室平面分布图】

图 2-5　校内实训基地平面布局与结构图

（3）仪器设备的配备与选型

仪器设备配备本着节约、选优、共享的原则。根据实训教学的实际需要选配仪器设备。以中试型设备配备为主，满足学生专业综合和生产、科研训练的需要。

（4）实训实验室家具设计与选择

实训实验室家具设计主要根据实训工艺路线的设计，结合相关训练内容的要求，重点考虑相关的洁净要求、通排风要求和安全要求等。

2.3.3　实习基地教学条件平台建设

培养学生科研、生产和经营管理能力，实习是不可缺少的教学环节。教育部本科教学质量工程强调：要加强产、学、研密切合作，拓宽大学生校外实践渠道，与社会、行业以及企事业单位共同建设实习、实践教学基地。要采取各种有力措施，确保学生专业实习和毕业实习的时间和质量，推进教育教学与生产劳动和社会实践的紧密结合。教育部将开展基于企业的大学生实践基地建设试点，拓宽学生的校外实践渠道，这也是一个好的社会环境。我们在实训基础上，重点建设校内科研实验室、动植物野外实习和科研（院所）以及生产和管理实习基地。目前已经建立了1个国家工程实验室（疫苗工程实验室），2个教育部重点实验室（分子酶学工程教育部重点实验室和东北亚生物演化教育部重点实验室），7个校内研究实验室（中心）、3个校外动植物野外实习基地（长白山动植物实习基地、左家药用植物实习基地和查干湖湿地教学实习基地）和6个高新技术企业（院所）实习基地（长春生物制品研究所、吉林敖东药业集团、吉林燃料乙醇有限责任公司、吉林省农业科学院、吉林修正药业集团、长春金赛药业股份有限公司和吉林皓月集团）等。本科生可进行动植物分类、药用植物鉴定、生态环境考察、生物技术产品开发和生产工艺过程学习、毕业论文等实习教学。这些校内外实习基地的建设，对培养学生综合实践能力、创新能力和科学思维创造了良好的条件。使学生对自然界有感观的认识，丰富学生的知识视野，激发学生的学习兴趣，培养学生科学思维。

2.3.4　大学生创新实践条件平台的建设

开展创新实践教育活动，需要一定空间、时间等软硬件条件作保障，如何搭建能够满足大学生创新实践教育的条件平台，是基地建设面临的首要问题。对此，我们充分利用国家级生物实验教学示范中心、国家生命科学与技术人才培养基地和国家疫苗工程中心、分子酶学教育部重点实验室等优质资源，搭建了满足大学生创新实践教育需要的四个平台，即仪器设备平台，满足创新实践所需的仪器设备条件；公共设施平台，包括GMP的无菌室、细胞培养室、发酵室、低温层析室、提取室、离心室、制水室、动物房、色谱室、光谱室、电泳室、粒度分析室、微生物鉴定室、显微镜室、网站和多媒体教室及微机室等，满足创新实践所需的空间环境条件；专业功能平台，包括基因工程、细胞工程、发酵工程、酶工程、分离纯化、生物制剂和分析检测等不同功能的实验室，满足不同研究方向所需条件；交流平台，创办了《大学生创新实验》交流期刊、创新实验网络反馈平台等，满足创新实验交流的需要。

通过四个平台的建设，满足了学生创新实践所需的场所、设施，不同研究方向和交流等条件的需要。

实验室作为培养学生实验能力的基地，面临着由传统型实验教学模式向创新性实验教学模式的转变，研究创新实验的开设有利于培养学生的创新意识、创新精神和创新能力；有利于培养学生的科学思维方式和实事求是的科学态度；有利于培养学生个性发展和调动学生的主观能动性；有利于培养学生合作精神和攻坚毅力。可使学生感受到一种真实的创新氛围。这样给学生创造一个宽松的思维、想象空间，尽展自己的智慧和才华，心情愉悦，充分动脑，这就是我们所说的"快乐实验"。2001 年开始为本科生开设自主设计创新实验，2003 年以"国家生命科学与技术人才培养基地"、"国家级生物实验教学示范中心"、"吉林大学分子酶工程教育部重点实验室"为依托，搭建了适合大学生科技创新实践教育的四个平台：即仪器设备平台、公共设施平台、专业功能平台和交流平台（科技创新实践平台建设模块见图 2-6）。现有与基础和校内实训和科研共享实验室 4500m²，仪器设备 2331 台（件），为学生个性发展和创新能力的培养创造良好的空间环境，极大地激发了大学生科技创新热情。

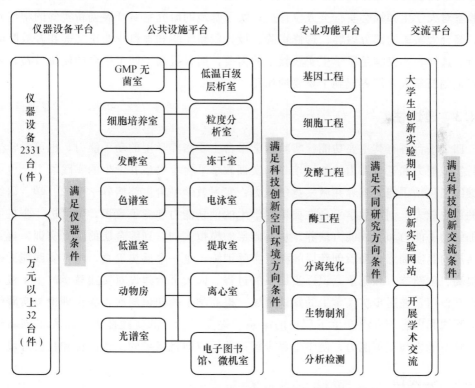

图 2-6　大学生创新实践平台建设模块

通过四个平台的建设，保证了大学生科技创新实践教育体系的实施，完全能够满足学生科技创新实践所需的场所、设施和不同研究方向等条件需要。

2.4 四个平台的特点

2.4.1 贯通性

实践教学条件平台建设是在生命科学人才培养目标整体框架内，在有利于系统的实践教学计划执行基础上进行的。虽然分别承担着不同的实践教学任务，但通过科学实践教学内容和实践教学技术路线的设计，将四个平台的功能合理联系起来，共同完成生物学基础知识、基本技术和基本方法的训练以及综合实践能力、创新能力的培养，为创新型人才培养提供强有力的条件保障。

2.4.2 开放性

四个平台在实践教学中场所、时间和项目都不同程度地向学生开放，给学生一个宽松空间，发展其主动精神和个性，培养学生实践能力和创新思维。基础实验教学平台专设 7 间实验室和相关仪器室 24 小时开放，其他实验室根据需要定期开放；实训实验室对大学生和社会实行全方位开放；实习基地的研究室对开展创新实验的学生开放。综合大实验的部分内容、选修实验、设计创新实验和本科毕业论文等在开放时间进行。这样，不仅满足了学生实践教学的需要，而且提高了四个平台的使用效益，对于保证创新型人才培养起到了重要的作用。

2.4.3 递进性

四个平台各有其主要功能：实验教学平台主要培养学生的动手能力，也可对学生进行实践能力和竞争能力的初期培养；实训教学平台主要培养学生的实践能力，也可以继续强化动手能力培养并激发竞争能力；实习教学平台主要培养学生产、学、研结合的就业能力；创新教学平台主要培养学生的创新能力和竞争意识，也可进一步巩固并加强动手能力和实践能力培养。从基础层的模拟实训，到综合层的仿真实训，再到提高层的真实训练，最后创新层的科研实际训练，是一个逐步逼真、学生实践能力逐步提高、创新能力和竞争意识逐步加强的过程。四大平台建设对实践教学产生了极大的推动作用，在逐步扩大学生的知识领域，提高学生的知识层次，深化理论与实践结合的形式和内容等方面产生了积极的影响，提高了学生的实践能力，培养了创新精神，就业能力与竞争能力，使学生逐步接近并适应即将服务的工作岗位和社会环境。

2.4.4 社会性

面向社会需求办学，是高等教育实践教学环节建设的宗旨。因此，应利用企业资金、物质条件等多种社会资源参与办学，扩大办学空间，增强办学活力与实力；应广泛与企业和事业单位合作，疏通社会捐赠渠道，利用国家和地方重点重大建设项目搭建实践教学平台，以互惠互利赢得社会支持，以激励措施调动各方面的积极性。我们在基础实验教学平台建设中，争取企业为学生设立创新实验专项奖学金，学生为企业宣传和公益事业做好服务工作；实训基地先后与吉林修正药业集团、吉林敖东药业集团、吉林燃料乙醇有限公司等企业建立了联合实验室，由企业投入部分仪器设备，实习基地向企业提供技术支撑，同时，接纳企业技术人员并对其培训；实习基地与企业建立产、学、研全面合作平台，企业接纳学生实习，学校为企业解决生产技术难题。这样，形成双方互惠互利、良性循环的共赢局面。

2.5　以人为本的环境设施条件建设

实验室不仅仅应具有单一的教学、科研功能，而且应该具有广泛育人内涵的复合性功能，这种内涵功能应该延伸到建立一种实验室育人的运行机制和实验室特有的育人文化氛围与环境。使学生不仅仅只是在实验室完成实验或者从事科技活动，单纯提升自己的知识与技能，而是还要让他们在实验室感受到一种催人向上、奋发努力的力量和精神，并产生对科学技术与知识的强烈渴望，对实现人生价值与目标不懈努力的欲望，对形成个人良好人格、品质、素养的主动追求。实验室环境本身是没有思想和感情的，但在实验室设计和使用过程中考虑到研究人的心理需求，为人的发展服务，在此前提下进行环境建设，就会附加上人的思想与情感，才有了教育的功能。因此，实验室的环境设施建设体现以学生为本，为学生创造宽松、温馨、和谐、安全、环保的学习空间，是调动学生实验积极性、激发学生创新愿望、保证实验教学顺利进行的重要环节。几年来，我们非常重视以人为本的实验室环境设施建设，目前，已配有实践教学专用的图书室、资料室和免费为学生开放的机房，以满足学生自主学习和扩充知识面的需要。走廊设计了生物学知识的展板，让学生通过展板就能了解生物学相关的基础知识和基本实验技术；每层楼均设有实验查询及选课系统，并与校园网络连接，方便学生查询实践教学各种信息和自主选修实验和设计创新实验的进行。楼梯墙上通过悬挂科学家图片等形式，让学生目睹科学先驱们为了人类的发展和社会的进步呕心沥血、勇攀高峰的身影，激发他们崇敬先辈、热爱科学、追求真理的远大理想，并体现到具体的学习生活中。实验室配有生物学特色花卉、人性化设计的实验台、学生存放物品专用柜、饮用水、急救药品箱、通排风系统、防盗防火系统、防腐药品柜、紧急喷淋系统；实验台安装有自动去离子水、冲眼器、电子助教等设备，使学生们感受到实验环境的温馨。同时，加大师生实践教学中各种图书资料经费的投入，及时采购最新的国外专著、国外原版教材、期刊、教学参考书和电子图书；加强网络服务条件平台建设，学生利用吉林大学图书馆购买的中国高等教育文献保障系统（CALIS），可以免费查阅各种图书、文献；还建立了实践教学工作网站，全部的实践教学资源在网上运行，以满足学生自主、独立、创新学习的需要。

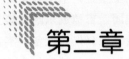

第三章

生命科学实践教学体系的构建

生命科学是 21 世纪各国争相发展的学科之一，要实现我国生命科学的跨越式发展，培养具有国际竞争能力的创新型人才是关键。对于生命科学创新型人才的培养，实践教学是最佳切入点，通过实践教学不仅可以向学生传授生命科学知识，使学生掌握娴熟的实验技能，培养综合分析问题和解决问题能力，而且对于学生合作精神、攻坚毅力、科学思维、"严谨求实、勇于创新"的科学品质和为人类造福价值观的培养具有重要作用。实践教学体系又是实践教学能否实现上述目标的关键。因此，如何构建科学系统的实践教学体系成为高校实践教学改革的重点内容之一。

3.1　实践教学体系建设存在的主要问题

长期以来，由于实践教学被认为是理论教学的补充、验证和延伸，导致实践教学体系的建设不够科学、不够系统、不够完整，学时少，技术和方法单一，不能满足现代生命科学快速发展对人才培养的需要。

在实践教学内容体系设计时，缺乏系统性和总体架构，基础实验、专业实验、实训实验、实习和毕业论文等各环节脱节，不能相互融通；各门实验课程独立设置实验题目、实验内容，缺乏生物学整体内容体系的考虑，造成了实验内容的重复；实验技术与方法不能的科学综合，实验内容不能很好地与理论内容合理衔接。这样不仅浪费学时，而且不利于学生综合运用基本知识、基本技术与方法，分析解决实际问题能力的培养。

在实验项目设置时，以常规的验证性实验为主，内容单一的实验多，综合性实验项目少；注重实验内容与结果的实验多，培养学生实验技能的实验项目少；传统、经典的实验多，引入学科前沿和反映学校特色的实验少；突出的是学生的共性培养，忽视了学生的个性培养。其实验内容的设置，对于培养学生的创造性思维和解决问题的能力是远远不够的，较严重的禁锢了学生的思想，不利于培养学生的创造性思维。

在传统的实践教学体系中，缺乏引导学生创新精神的实验内容设置，独立设计、研究创新实验项目少，没有构建一个在人才培养整体框架内、与生命科学人才培养目标相一致的、系统的、课内外结合的创新实践教育内容体系，不能保证创新人才培养的可持续发展。

3.2 实践教学体系的建设思路

在"强化基础、拓宽知识、突出能力、强调创新、激励个性、提高素质"人才培养思想的指导下，创造以学生为本的人文环境，坚持把知识传授、能力培养和素质提高贯穿于实践教学始终；根据生命科学专业人才培养目标和规格的基本要求，从高素质人才培养体系的整体出发，以先进的实践教学理念为指导，以培养具有生命科学基础科学研究和创新、创业、管理等高层次人才培养为目标，通过实验课程体系构建、实验项目设计、实验内容精选、技术路线规划和配套建材建设，构建适应生物学及其相关学科人才培养的生物学基础实验、专业实验、实训实验、实习实验和毕业论文等分层次、相互衔接、相互融通、相互渗透、科学系统的生命科学实践教学体系。

3.3 实践教学体系的构建

实践课程内容体系主要包括实验、实训、实习和毕业论文等四大实践课程内容。我们在实践教学体系建设时，通过优化实践课程设置、整合实践课程内容、加强实验技术和方法的设计；强调基础、专业、实训与实习的有机结合，根据学生能力形成的不同阶段和认识发展的基本规律，把实践教学环节视为一个有机整体加以筹划、组织和实施。一方面，将实践教学环节作为完整的、不间断的系统，进行整体设计和系统筹划；另一方面，注重各实践教学各环节之间的相互联系与有效衔接，构建以特色与优势强化专业教育的生命科学实践课程内容体系。实践证明，该体系对培养学生知识、能力和素质全面协调发展起到重要作用。

3.3.1 实践教学课程体系的建立

实践教学体系的建立，首先要根据人才培养目标确立实践教学的内容，根据实践教学内容，来确定实践教学课程设置。通过实践教学课程的整合与优化，构建科学的实践教学课程体系。如结合我校生物学科的特点，将 9 门生物学基础实验课程内容，整合成"生物学基础实验"和"生物学实验原理与技术"2 门课程；将原来生物学 3 门专业实验实验课程，整合成 1 门"专业综合大实验"。目前实践课程设置包括生物学基础实验、生物学实验原理与技术、生物学综合大实验、研究创新实验、校内实训实验、动植物实习、毕业论文等实践教学课程。

　　•"生物学基础实验"课程。该课程 12.5 学分，将植物生物学实验、动物生物学实验、微生物学实验、遗传学实验、细胞生物学实验、生物化学实验Ⅰ、生物化学实验Ⅱ、免疫学实验、分子生物学实验等课程的基本知识、基本技术、基本方法进行整合，按基本技术、宏观（个体）水平、细胞水平和分子水平四个层次统筹设计实验项目，避免内容的重复，节省学时。同时，注重基础与专业、传统与前沿、经典与现代、实验教学与理论教学及科学研究的有机结合，把学科前沿研究成果和反映学科特色的较成熟的科研课题转化为实验教学项目，使实验内容与科研、工程、社会应用密切联系，培养学生综合运用基础知识、基本技术和基本方法分析解决实际问题的能力。

•"生物学实验原理与技术"课程。该课程5学分，将理论课中涉及的与"生物学基础实验"课程相关理论知识内容分离出来，组成"生物学实验原理与技术"课程内容，配合"生物学基础实验"课程安排讲授内容，以解决实验独立设课后普遍存在的实验课与理论课的衔接问题。

•"生物学综合大实验"课程。该课程4学分，按照生物学研究规律和方法，设计出5个各门课程之间内容、技术和方法的综合大实验，在短学期开设，加强学生综合运用生物学知识、技术和方法分析解决实际问题的能力。

•"研究创新实验"课程。该课程2学分，学生可根据自己的兴趣自主选择研究题目，也可选择教师科研项目中一部分作为自己的研究题目，在导师的指导下，通过自行查阅资料、查阅文献、设计实验方案、填写设计实验申请书、根据自己时间来实验室进行实验研究、自行处理实验数据、撰写实验研究论文等程序模拟科研训练，全面培养学生的动手能力、实践能力、创新能力和科学思维。

•"校内实训实验"课程。该课程10学分，通过酶工程、发酵工程、细胞工程等工艺实训实验，使学生充分理解和消化吸收所学的理论教学和实验教学内容，并得到产、学、研综合训练，提高学生的综合动手能力和实践能力。

•"动植物实习"课程。该课程2学分，通过动植物野外实习教学，可进行动植物分类、药用植物鉴定、生态环境考察、生物技术产品开发和生产工艺过程学习，深化理论与实践结合的形式和内容，使学生对自然界有感观的认识，拓展学生的知识视野，激发学生的学习兴趣。

•毕业论文。该环节15学分，通过毕业论文环节，使学生了解学科发展前沿，掌握新知识、新技术和新方法，加强学生综合运用知识、技术和方法分析解决实际问题的能力，进一步培养学生创新精神、科学思维和良好的科研品质。

3.3.2　实践教学内容体系的建立

生物学实践教学包括生物学基础实验教学、专业实验教学、实训教学、实习教学和毕业论文等教学内容。

（1）基础实验教学内容

生命科学的基础实验教学包括生物的个体、形态、细胞、分子等诸多层次的实验内容。我们结合生物学科自身特点，统筹安排实验内容，建立起以"实验层次、实验类型、教学途经、辅助方法、考核方式、效果评价"为内容的"六个四"的生物学基础实验教学内容体系。

四个实验层次：基本技术—宏观（个体）水平—细胞水平—分子水平。将植物生物学、动物生物学、微生物学、遗传学、细胞生物学、生物化学、免疫学、分子生物学等基础实验课程内容，按基本技术、宏观（个体）水平、细胞水平和分子水平四个层次重新组合。该体系由单纯技能培养，转化为系统综合能力培养，增强了学生对生物学各门课程内在联系的认识，避免了实验内容的重复。

四种实验类型：基础实验—综合实验—设计实验—创新实验。每个层次的实验均设有基础、综合、设计和研究创新性实验类型，使学生由浅入深、由易到难、简单到综合，逐步培养学生的创新意识、创新精神和创新能力。

四种教学途径：必修实验—选修实验—开放实验—探索实验。每个实验都标明学时、学分和实验要求，学生在完成必修实验后，按学分要求选择选修实验，在开放时间进行设计、探索实验，逐步培养学生科学思维，调动了学生实验的积极性和主动性。

四种辅助方法：模拟演示—电子教案—实验课件—网络课程。充分利用现代化的教育技术，把生物学自身连续、动态的特点，形象而直观地介绍给学生，激发学生实验的兴趣，便于学生自主学习。

四种考核方式：实验习惯—平时考核—实验设计—实验考试。通过多元实验成绩考核方法，统筹考核实验过程与实验结果。为加强学生良好实验习惯的培养，制定了21条相关规定，学生违反一条减 $0.5\sim3$ 分，累计扣除 10 分后，取消该门实验成绩，重修该门实验课程。历届毕业生在反馈意见中都感谢实验中心对他们实验习惯的培养，使他们终身受益。通过实验成绩评定方法的改革，对学生知识、能力和素质协调发展起到导向作用。

四种效果评价：综合问卷—跟踪调查—网上反馈—师生座谈。采取在校生、毕业生、助教研究生和教师综合问卷、调查表、网上反馈、座谈和教学检查等方式进行教学效果评价，并及时向师生反馈和沟通有关问题，进一步改进实验教学方法，逐步提高实验教学质量。

（2）专业实验教学内容

根据生物学专业的特点，设立了基因工程、酶工程、发酵工程和细胞工程等 4 个专业综合大实验，如"白介素 18 基因工程菌构建、蛋白表达、分离纯化和活性检测"实验项目，使学生掌握生命科学的新知识、新技术、新方法同时，激发学生对生命科学实验的兴趣，培养学生综合运用基础知识和专业知识分析解决实际问题的能力。

（3）校内实训教学内容

为进一步加强大学生实践能力的培养，建立了本科生实训教学内容体系：利用一学年短学期开放时间进行酶工程、发酵工程、细胞工程和基因工程工艺路线的认知实习,加强学生的感性认识,提高学生的学习兴趣,使学生初步了解酶工程、发酵工程、细胞工程和基因工程在实际应用中的具体情况,以便更有效地学习和掌握理论知识;利用二学年短学期2周的开放时间分别进行发酵工程与细胞工程实训实验;利用三学年短学期2周的开放时间分别进行基因工程与酶工程实训实验。

① 发酵工程实训实验。内容包含微生物学、遗传学和生物化学等方面的实验技术和实验方法。我们设计了主要内容包括厌氧发酵实验——酒精发酵、好氧发酵实验——谷氨酸发酵、固体发酵——固体发酵法生产柠檬酸等实训实验项目,供学生自主选择。

② 细胞工程实训实验。内容包含动物生物学、植物生物学、细胞生物学、生物化学、免疫学和分子生物学等方面的实验技术和实验方法。设计了包括动物细胞培养、分离、生长曲线测定和活性检测的实验项目。

③ 基因工程实训实验。内容包含动物生物学、植物生物学、微生物学、细胞生物学、生物化学、免疫学和分子生物学等方面的实验技术和实验方法。该部分实验紧紧围绕基因克隆展开,包括基因的钓取、基因片段的获得、载体的制备、基因片段与载体的连接、重组 DNA 的鉴定、重组蛋白质的表达、SDS-PAGE 分析所表达的蛋白质、琼脂糖凝胶电泳分析等内容。

④ 酶工程实训实验。内容包含动物生物学、植物生物学、微生物学、细胞生物学、生物化学、免疫学和分子生物学等方面的实验技术和实验方法。我们设计了包括产酶菌株的分离、酶的性质测定、酶的分离纯化、酶的固定化及酶反应动力学等内容。

在实训中,我们坚持树立以学生为主体的实践教学思想,培养学生的主体精神。如发酵工程实训实验是以谷氨酸、啤酒、红曲为主要内容,强调学生学习好氧发酵、厌氧发酵和固体发酵的原理、工艺和操作。通过学习,要求学生不但能掌握发酵工程学的基本理论,更重要的是通过谷氨酸、啤酒、红曲的实验室中型发酵实验,熟悉发酵工业的整个过程,掌握有氧发酵和静置发酵,液体发酵和固体发酵等常规发酵产品的后处理技术,使学生的创造性、自主性、责任性得到锻炼,吃苦耐劳精神、团队协作的精神得到培养,发现问题、分析问题、解决问题的能力得到提高。更能激发学生的学习兴趣、提高实验与实践技能、加深对理论知识的理解和掌握,并能有效地提高学生的自学、统筹、创新与合作等综合能力。

酶工程、发酵工程、细胞工程和基因工程工艺路线认知实习和实训实验设计既体现了各种实验技术的独立性,又体现了实验项目之间的相互关系,强化学科交叉。实验之间彼此呼应,既相互联系,又可独立成一个整体。

(4) 校外实习教学内容

为进一步培养学生动手能力和实践能力,建立了本科生校外实习教学内容体系:

利用一学年短学期分别到长白山和吉林农业科技学学院进行野外动植物与药用植物教学实习。长白山实习的主要内容包括了解山地草原、森林、湿地、沙地等典型生态环境及重要地域性生态环境的地形、地貌、土壤及植被，识别各主要生态环境中的常见的、有代表性的及珍稀动植物种类，学习动植物标本的采集、鉴定、保存方法，学习动植物区系、物种多样性、生态学及动物行为学的调查研究方法；吉林农业科技学学院药用植物教学实习，主要内容包括药用植物的分类、采集、鉴定、保存及栽培方法，加强学生的感性认识，提高学生的学习兴趣，以便更有效地学习和掌握理论知识；利用第二学年短学期 1 周的时间采用专家讲座与生产流程考察等形式分别到吉林燃料乙醇有限责任公司和吉林省农业科学院进行生产实习；利用三学年短学期 2 周的时间采用专家讲座与生产流程考察等形式分别到长春生物制品所、长春金赛药业、吉林敖东药业股份有限公司、吉林修正药业集团公司、吉林省制药有限公司进行生产实习。在实验教学和实训教学的基础上，通过实习教学使学生印证、巩固和加深所学的理论教学内容、实验教学内容和实训教学内容，扩大知识面，进一步提高了学生的动手能力、实践能力和就业能力。培养了学生勇于探索，积极进取的创新精神和团队精神。

（5）研究创新实验教学内容

根据大学生创新意识、创新精神和创新能力培养的需要，建立了有利于大学生科技创新与创业的培养、培训、研究和竞赛于一体的创新实验课程内容体系。一、二、三年级学生每门课设置固定的设计实验题目，学生自行设计实验方案，引导学生设计实验思路、方法和创新兴趣；三年级上学期，在完成基础性、综合性实验的基础上，开设"研究创新实验"，学生根据自己的兴趣自主选择研究题目、查阅资料、设计实验方案，利用课余时间到实验室进行实验研究，处理实验数据、撰写研究论文或项目总结报告等程序进行模拟科研训练。充分调动学生的主观能动性，提高了学生的学习能力，锻炼了学生的团队精神，提高了学生的实验操作技能。同时，把教师科研项目中有关内容与实验教学结合起来，让学生在教师指导下开展创新实验研究。三年级下学期到四年级上学期学生在校内实训基地继续进行研究创新实验项目或参加教师的科研课题，四年级下学期学生进入研究室、重点实验室等进行毕业论文工作。以毕业论文为切入点进行设计研究性实验强化训练，培养了学生综合实践能力和创新精神，进一步加强学生独立科学研究能力的培养。

同时，组织学生参加大学生生命科学实验技能竞赛、"挑战杯"大学生课外学术科技作品竞赛和"挑战杯"大学生创业计划作品竞赛等大赛。使大学生科技创新实践教育由课内延伸到课外，引导、激发学生科技创新与创业的兴趣，调动了学生科技创新的主动性，开阔视野、增长知识，培养了学生团队合作精神、组织协调能力、创新能力和创业能力。

研究创新实验课程内容选题来源：本科生自主选题进行的设计实验和研究创新实

验项目,国家大学生创新性实验计划项目,吉林大学大学生创新性实验计划项目,教师科研项目的衍生项目,中心面向全校大学生设立的生命科学与技术大学生创新性实验计划项目,校内外实习基地组织开展科技创新实践活动项目等。

3.3.3　实验技术和方法的设计

科学实验教学体系构建,需要科学选择实验题目,精选实验内容,精心设计实验方案,科学综合实验技术和方法,合理安排实验过程。几年的改革实践,我们认为实验技术和方法改革应体现以下几个方面:

(1) 加强实验基本技术的培训,注重实验基本技能的培养。基本技能培养目标是让学生了解基本实验理论知识、熟悉实验原理、掌握规范的实验方法、学会常规实验仪器的使用、必要的数据处理手段,练习编写实验报告,以完整地掌握实验过程。实验室是学生做实验的场所,是一个公共学习环境,我们安排学生进实验室前的第一堂课,是对学生进行实验习惯和安全环保教育课。介绍实验室卫生、安全、环保知识,强调实验室纪律和操作规程,以及规范化基本操作在实验中的重要作用,使学生认识到科学研究的严肃性。我们还在每门实验课内容设置的第一部分安排基本技术学习,主要是针对实验中所需要的仪器设备的培训,设置在开学前三周开放时间进行,进一步加强实验基本技能的培养。

(2) 实验教学与理论教学之间合理衔接,实验课与理论课内容融会贯通。①实验教学与理论教学大纲统一制订,来界定理论课和实践课应讲授内容;②专设一门"生物学实验原理与技术"课程,5 学分,根据实验内容的安排,分不同学期讲授;③每门实验课都由主讲理论课的教师总体负责该门实验课程的建设。这样,保证了实验教学内容与理论教学内容一致、合理衔接。

(3) 加强各门实验课内容的科学结合。如"冬虫夏草的液体发酵、有效成分的分离纯化及基因图谱分析"实验中,将微生物学、遗传学、生物化学、分子生物学等多门课程的知识、技术和方法合理衔接。又如,微生物学实验中"酵母菌的分离、发酵"得到的菌体作为酶学、核酸和代谢等实验材料,增加了学生实验中的连贯性和责任感。

(4) 按实验内容的内在联系设计综合实验项目。如"土壤中微生物的分离、培养观察及保藏"实验,将以前单一的、分散的 6 个实验,按其内在联系组合为 1 个综合性实验,包括了 10 种实验技术。又如,"啤酒酵母蔗糖酶的提取、分离纯化、性质鉴定及反应动力学实验",综合了酶(蛋白质)的提取、有机溶剂分级分离、离心分离、透析、离子交换、凝胶层析、电泳分析 7 种实验技术和酶(蛋白质)的提取和纯化、蛋白质和还原糖的含量测定、蔗糖酶的活力测定、纯度鉴定、相对分子质量检测、等电点测定、K_m 和 K_i 及 V_{max} 值测定、正交设计、N 端氨基酸分析 9 种实验方法,培养了学生综合运用实验技术和方法分析解决实际问题的能力。

(5) 引入最新研究成果,使实验内容与科研、工程、社会应用密切联系。实验教学项目中引入科研成果和社会应用项目 20 项。如国家自然科学基金项目"腺嘌呤脱氨酶基因工程菌的构建、蛋白的表达、纯化及鉴定",因技术成熟、方法稳定、重复性强、适合本科生实验训练,作为必修实验;又如,国家自然科学基金项目"头发中DNA 的抽提及 CYP2C9 基因型的鉴定"的科研成果由于微量操作,实验技术要求较高,列为选修实验。由此,使学生掌握了生命科学的新知识、新技术、新方法,激发学生对生命科学实验的兴趣。

(6) 激发学生科研兴趣,培养学生创新精神和科学思维。①每门实验课均设有设计实验;②专设一门"研究创新实验"课程,加强模拟科研实际训练;③已开出设计性、研究创新实验 227 项。

3.3.4　实践教学配套教材的建设

(1) 实践教学配套教材建设的必要性

教材是体现教学内容和教学方法的知识载体,是进行教学的基本工具,也是深化教育教学改革,全面推进素质教育,培养创新人才的重要保证。所以我们首先要高度重视教材的建设,而且牢牢地树立起"精品"意识,采取切实可行的政策措施激励广大教师写精品教材、编特色教材、创品牌教材。同时,也将教材编写作为培养教师研究型教学思维的重要途径。

实验教材是体现基础理论、实验原理、基本技术和实验方法的知识载体,是学生实验前的第一任教师,教材质量的优劣直接影响着学生的学习效果及学校的教学质量。因此,教材建设要体现实验教学思想,有计划、有选择地使用有影响、有特色的高质量中、英文教材。加快教材的更新换代,缩短使用周期。

(2) 实践教学配套教材的建设与应用

目前,出版的生命科学实践教学教材还不能完全满足不同学校相应专业人才培养目标的需要。有的实践教材实验项目设置还不尽合理,基础性实验项目较多,综合性、设计性实验项目较少;前沿性实验项目和各校的特色研究项目较少。因此,必须在深化实践教学改革的基础上,加强实践教学环节的教材建设,做到与理论教学相配合、与实践教学改革相适应、符合教学大纲对实践教学环节的要求。实践教学环节的教材建设要体现规范化,具有创新性与综合性,同时有利于对学生能力的培养。

教材质量是教材建设的核心问题,是提高实践教学质量的重要保证。只有认真研究实践教材的体系和内容,才能保证实践教材的质量,才能保证实践教学质量的不断提高。

1999 年以来实验中心相继主编出版了生物类专业使用的《生物学基础实验教程》、全校非生物类公选课使用的《生命科学基础实验教程》,以及用于职业培训的《实践环节考核指导》、用于基本技术训练的《生物学常用仪器设备使用指导》,使实验教材建设具有完成的系统性和实用性。

2008 年又出版了国家精品课配套立体化教材，该系列教材包括：①《生物学基础实验教程（第三版）（Ⅰ）——植物生物学实验、动物生物学实验、微生物学实验、细胞生物学实验、免疫学实验》，②《生物学基础实验教程（第三版）（Ⅱ）——遗传学实验、生物化学实验、分子生物学实验》，③《高校教学实验室管理》，④《现代生命科学实践教学改革的研究》，⑤《生物学综合实验网络课程（光盘）》，⑥普通高等教育"十一五"国家级规划教材《生命科学仪器使用技术教程》，将实验教学、实验教学仪器使用、实验室管理、实验教学改革和现代教育技术应用有机地结合起来，共同组成生命科学国家精品课配套立体化教材。

实践教材体系设置和编纂思路是保证实践教材质量的重要前提。认真研究实践教学的内容和项目，合理设置各教材间的内容，有效避免项目间的重叠，才能保证实践教材的质量，体现编者的编写目的。实验中心编纂、出版的教材就体现了这种思想。

由滕利荣、孟庆繁主编的《生物学基础实验教程》，内容涵盖了生物学的 8 门实验课程，该教材于 1999 年出版、2004 年再版，2008 年由科学出版社出版第三版。在各版的编写、修订过程中始终秉承"加强基础、拓宽知识、培养能力、激励个性"的人才培养思想，坚持有利于学生自主学习、合作学习和研究性学习的原则。随着生命科学技术的快速发展，新知识、新技术和新方法不断诞生，为了保持实验内容的先进性，适应新形势下高素质创新型人才培养的需求，每次修订都在实验内容上进行调整与修改。该教材结合"生物学基础实验"国家精品课程建设要求和学科自身特点，在实验项目选择上，按基本技术、宏观（个体）水平、细胞水平和分子水平 4 个层次统筹安排，避免内容重复，节省学时，同时注重各门实验技术和实验方法的合理综合，注重实验内容与科研、生产和实际应用的密切联系，体现基础与前沿、经典与现代的有机结合。每个实验项目按相关理论知识、目的要求、实验原理、材料与器材、实验步骤、实验结果、注意事项、思考题进行编排，在每门实验课后安排设计创新实验，有利于学生自主学习、合作学习和研究性学习。该教材出版以后就深受读者欢迎，目前已被多所高校选用为制定实验教材。

2008 年由科学出版社出版的《生命科学仪器使用技术教程》是在吉林大学国家级生物实验教学示范中心自编讲义《生物学实验常用仪器使用指导》（逯家辉主编）和 2004 年《生物学基础实验教程——生物学基本技术实验》（滕利荣、孟庆繁主编，吉林科学技术出版社出版）的基础上，将仪器设备以实验基本技术为主线，精选常用的 160 个型号仪器设备，每个设备按设备简介、结构组成、操作规程、注意事项、常见故障维修及保养等内容进行编排，综合成书。为了适应生命科学技术的迅猛发展，面对新技术、新方法和新设备大量涌现的现状，教材在编写过程中还特别邀请国内外仪器制造企业参与编写，力争保持仪器的先进性、可靠性和可操作性。教材在编写时，力求内容全面详尽，语言深入浅出、通俗易懂，尽量使读者在使用本书后能熟练掌握仪器的性能及操作，以及相关的故障产生原因及排除方法，以保证实验过程中的设备完好率，学会运用仪器设备解决实验过程中的有关问题，从而进一步掌握实验基本知识、基本操作技能和实验研究的基本意识和思维。

　　高等学校非生物类教材《生命科学基础实验教程》编写过程中注重结合非生物类学生的特点，实验项目的设置既有基本实验技术，又有学科发展前沿，以使知识结构更加合理；同时，尽可能选择与人类生活息息相关，能引起同学兴趣的实验题目，让学生在浓厚兴趣的基础上，掌握生命科学的基本知识、基本方法和基本技术。该教材的推出保证了生命科学导论课程的顺利开设，使生命科学像语言、数学、物理、计算机等学科一样，成为大学基础教育的重要内容，提高了大学生综合素质，同时使生命科学和生物技术向各个专业渗透，有利于培养出交叉学科领域的复合型人才。

　　用于职业培训的《实践环节考核指导》编写的目的在于帮助读者理解基本理论的同时，重点掌握生物技术基础实验的基本原理、基本方法、基本工艺、基本操作和基本设备等，保证读者顺利通过实验实践环节考核。

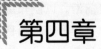

第四章

生命科学实践教学方法的建立

教学是在教师指导下，学生主动掌握知识、技能，发展智力与体力，并形成一定思想品德的过程，它具有复杂的结构体系。在这一结构体系中，教学方法是其中的关键环节之一。教学方法是指为了达到教学目的，师生在教学活动中所采用的一系列活动方式的有序运动，也可以理解为教师指导和帮助学生学习的方法，教学不仅仅是传授学生知识，更是教学生学习知识以及学习知识的方法。由于学生不是静态的物，而是具有生命活力的人，教师的指导和帮助就只有在与学生相互交流和沟通中进行，只有在相互交流和沟通的过程中，教师和学生才能将对方以及自身视为真正的主体，反过来，只有教师和学生保持主体间的交流和沟通，才能真正做到相互启发，教学相长。在教学活动中，教法和学法也是无法分割的，它们不是彼此孤立存在的，而是一个有机整体。教学方法是教学的基本要素之一，它直接关系着教学质量的高低和教学工作的成败。

现代大学教学方法的目的是实现教育教学目标、完成教学任务，但其内涵与传统教学方法相比已有所不同。一是突出强调激发学生的学习兴趣、动机和志向，调动学生学习、探索与研究的积极性和主动性；二是着力使学生获得正确、全面而深刻的认识，缩短认识过程，提高学习、领会与运用知识、技能的效率；三是更加重视凝结智力价值，开发智慧潜能，在重视教给学生知识的同时，教会学生学习的方法与途径。它可以分为三个层次：一是一切从教育教学实际出发，坚持教师的主导作用，发挥学生的主体作用，这是解决"教"与"学"的矛盾、实现教学相长的关键；二是理论联系实际，课内外教育教学有机结合，灌输、启发、研究等教学方式的融合；三是具体的教学方法，其依据是学校的类型、学科的性质、课程的内容、问题的特征和知识的形态。教学方法应具有多样性和灵活性。教学方法的多样性源于教学对象、教学内容、教学手段、教学条件与教学环境的多样性。因此，推崇促进个性发展的现代大学教育，要想实现其教育教学目标，就应该运用科学的、多样性的方法来因材施教、因时施教、因情施教。灵活性既包括不同的教学内容可采用不同的教学方法和同样的教学内容采用多样的教学方法，也包括不同的教学对象采用不同的教学方法和同样的教学对象采用多样的教学方法，还包括不同教学对象、不同学科内容、不同知识形态之间教学方法的相互借鉴与综合。

作为引导社会发展方向和传承与创造科学文化知识的现代大学，在教学方法上，一方面要与时俱进，富于时代性，要教会学生快速获取、科学分析、合理储存、准确提取、恰当运用知识与信息的方法和创造知识、创建制度的方法；另一方面，又要与学生的认识独立性程度相适应，在传习性教学阶段，引导学生善听、善思、善记；在指导学生自主性学习阶段，教会他们根据需要抓主线、抓重点，从"教"通向"不教"；在研究性教学阶段，同学生一起发现与分析问题，寻找与完善方法，运用与创造知识。所以，"教会学法"是现代大学教学方法的主要任务之一。新颁布的《高等教育法》中明确规定，我们的人才培养目标是具有创新能力和实践能力的高级专门技术人才。而创新能力和综合实践能力的培养，不是只靠更新教材、采用现代化教学设备、开设几门创新系列课程、增加几个课程设计就可以解决的，它需要在教学方法方面进行深刻的改革。教学方法的改革和创新是实现教学目标、落实人才培养模式、提高教育质量的重要因素。我们知道，教学方法和手段对于学生的影响较之课程体系和教学内容更为重要。课程体系和教学内容主要影响学生的知识体系和知识面，而教学方法则主要影响学生的能力和素质。古语云"授人以鱼不如授人以渔"，就深刻揭示了教学方法较之课程体系和教学内容更为重要的涵义。再好的教育教学理念、教学条件和教学内容，如果没有好的教学方法，是不可能实现教育的目的。因此，教学方法是教学的灵魂所在，而课程体系和教学内容是该灵魂的载体。可以说教学方法改革在教学改革中是居于首位的，是教学改革的重中之重。

理论教学和实践教学是理工科院校教学体系的两个重要方面，它们都同等地作为教学过程中的两个子系统。理论教学侧重于阐述基本原理、基本概念、基本方法；而实践教学则是理论知识与实践活动、间接经验和直接经验、抽象思维与形象思维相结合的教学过程，它把传授知识、培养能力和提高素质统一在一个教学过程中。在新形势下培养具有实践能力和创新能力人才方面，实践教学方法的改革尤为重要。先进的实践教学方法应有利于教学思想和教育理念的贯彻，有利于学生实验兴趣和实验积极性的调动，有利于推进学生自主学习、合作学习和研究性学习，有利于学生科学思维和创新能力的培养。如果教学方法不实行全面、彻底的改革，我们就无法培养出大批有创新能力的高质量人才，就无法站在时代发展的前沿。因此，在实践教学方法改革中，我们要不断分析、查找实践教学方法存在的问题，采取相应的措施，从而建立起符合现代学生认知规律的实践教学方法，推进学生的自主学习、合作学习和研究性学习。

4.1　实践教学方法存在的主要问题

在目前的高等教育研究中，高等教育方法论研究一直受到了学术界的冷落。由于缺乏理论的指导,高等学府的课堂成为部分教师充分施展其个性的场所。一些教师继续沿用基础教育教学方法,强调课堂教学中知识的传递,忽视了大学生自主创造性和创新精神的培养;一些教师则根据自己的学术旨趣,引导学生走进自己的学术领域,而忽视了大学生对扩展知识面的需求。

在高等教育实践教学中,各高校在实践教学方法的改革上做了大量工作,对实践教学也进行了一系列的改革,如单独设立实验课,划分实验类别,针对不同的专业,相应开设综合性、设计性实验等。但这些改革还是局部的改革,还没有完全摆脱以验证理论为主、学生"照着做"的实验模式,没有彻底改变实验内容单一、陈旧,实验方式单调的问题,学生对综合性、设计性实验的兴趣和动手能力没有得到很大提高。目前的实验教学方法是首先由教师按实验要求准备好实验过程所需的仪器药品,学生严格按规定时间进入实验室上课,先由教师讲解实验目的、原理、实验步骤和注意事项,然后,学生按教师讲的和实验讲义一步一步做,最后得出实验结果,写出实验报告。这样很少能发挥学生的主观能动性,不能调动学生的兴趣和积极的思维。学生的综合分析问题和解决问题的能力得不到很好的训练,学生的攻坚毅力和团队意识得不到很好的培养,更谈不上创新教育、个性化教育,因而不能很好地培养适应知识经济发展需要的人才。

在实践教学中,现代教育技术手段的开发与应用不足,部分教师虽然开发了多媒体课件,制作了实践教学录像,但不同程度地存在制作的技术水平较低、教学资料资源较少等缺点;有的应用了多媒体教学,就抛弃了板书,甚至完全依靠课件照本宣科;还有的多媒体教学装备配备不足,无法进行多媒体教学等,这些都不能达到预期的教学效果。

在实习教学方面,实习经费不足,交通费与实习实际开支需求有一定差距,只能按实习费制订实习计划,不能满足学生的愿望;很多企业不愿意接收学生实习,原因在于企业要面对激烈的市场竞争,生产、销售压力增大,精力主要集中在生产经营上;一些企业涉及保护知识产权的问题,不愿接收学生实习,特别是先进的、关键的技术岗位;一些企业出于从安全、生产秩序等角度考虑,不希望学生去生产现场,以免影响生产。学生到企业去只能看,不能动手操作,学生失去兴趣,使教学效果大打折扣。

4.2　实践教学方法的改革思路

在实践教学中,为了充分有效地提高学生的实践能力和创新能力,改变以教师为中心、课堂讲授为中心的传统实践教学方法,采取以学生为主体、教师为主导,充分发挥学生的主观能动性;以倡导启发式教学和研究性学习为核心、以激发学生的兴趣和潜能为重点、以培养学生的团队意识和创新精神为目的,改革实践教学过程,课内外结合,加强实践教学各环节合理衔接,恰当应用现代化教育技术手段,实验室全方位开放，开展大学生科技创新实践活动，从而建立起符合现代学生认知规律的实践教学方法，推动学生自主学习、合作学习和研究性学习。

4.3 实践教学方法的建立

通过对实践教学方法进行探索与实践，突出以学生为中心，强化实验预习，教师启发式和讨论式指导，运用现代化的教学手段，创新现场教学，增加自主设计实验，课内外实验实训相结合，调动学生学习的积极性和主动性，激发学生实验的兴趣，提高学生的技能，培养学生的创新能力。

实验教学不同于理论教学，教学方法改革既需要先进的教学理念、鲜明的教学特色、科学的教学体系、系统的教材、合理的队伍结构，又需要实验设施、实验装备、图书资料、管理手段作为实验教学的支撑。通过建立符合学生认知规律的教学方法，引导、启发和要求学生在实验预习报告中提出问题，实验过程中去发现、分析和解决问题，实验报告中去深入探讨问题，实验总结中互相交流和讨论问题。使学生由浅入深、由简单到综合，逐步认识、理解和掌握生命科学研究的方法，有利于调动学生实验的积极性、主动性，有助于学生自主学习、合作学习和研究性学习，有利于学生实践能力和创新能力的培养。实验教学不仅能使学生掌握基本的实验技能，而且对于培养学生树立严肃认真的科学实验作风、提高实验能力、加深对理论知识的理解、综合运用知识、开拓创新等方面起着重要作用。

实习教学是高等教育的重要组成部分，是高校培养专门人才的一个重要环节，是抽象思维与形象思维、传授知识与训练技能相结合的过程，在人才培养中具有理论教学和其他教学环节不可替代的作用。校内实训校外实习有机结合，校内外生产实习教学，野外实习教学和校外实习教学，使实践教学课程内容统筹安排，互相渗透，相互贯通，逐级提高。校内实训教学，培养学生科研与生产结合的能力，实现了学、研、产的全方位对接；校外实习教学，培养学生科研开发、生产和管理的实践能力，使学、产、研有机结合。使实验教学内容由基础、综合、研发到应用，形成一个完整的实践教学体系。把培养人才、完成科研和生产任务、为社会创造财富统一于一个过程之中。综合实验、设计实验、实验室开放、野外实习、认知实习、生产实习，贯穿了实践教学全过程，加强了学生实践能力和创新能力的培养。

4.3.1 实验教学方法

实验教学在培养学生实践能力、创新精神和科学素养等方面具有理论教学不可替代的作用。在实验教学中，注重学生实践能力与综合素质的培养，改革实验教学方法，优化实验教学环节，对教学过程的各个要素进行优化整合，对提高学生的自我学习、实践能力和实验课的教学效果是非常重要的。

（1）注重学生实验习惯培养

学生进实验室的第一堂课是安全、环保和实验习惯教育课，教育学生节约资源，保护环境，掌握安全知识。并通过开卷考试督促学生掌握安全、环保和实验习惯要求，同时在实验选课系统中设有一套考核题，学生答题超过 60 分后方能进入选课系统。为加强学生良好实验习惯的教育，保证学生顺利完成生命科学实验，实验中心组织编写了《学生实验须知》，人手一册，并针对实验教学全过程涉及学生实验习惯培养的环节，制定了 21 条管理细则，实验习惯在实验总成绩中占 10 分，累计扣除 10分后，取消该门实验成绩，重修该门实验课程。历届毕业生在反馈意见中都认为实验中心对他们实验习惯的培养，使他们终身受益。

（2）实验理论统一讲授

实验教学相关理论从理论教学中分离出来，整合为一门"生物学实验原理与技术"课程，单独讲授实验内容，在实验前统一讲授，贯穿 6 个学期，解决了全国高校实验独立设课后普遍存在的实验课与理论课衔接的问题。实验中心为进一步加强预习效果，采取了一系列措施，将原来实验课前教师按组讲授，学生按照教师讲授的步骤进行实验，改为在实验前 1～2 周统一讲授，学生预习；实验课前预习考核，利用5～10min 进行预习效果测试，检查学生预习效果，该成绩在平时成绩中占 10 分；并强调实验中的关键问题和注意事项。这样不仅节省了实验学时，提高了实验效率，变学生的盲目和依赖思维为自觉和主动思维，而且培养了学生独立分析问题和解决问题的能力。

（3）基本技术单独培训

随着各级主管部门增加对实验室建设的投入，实验仪器设备种类大幅度增加（吉林大学生物实验中心已达 130 多种），按照以前的方法在实验课堂上进行仪器使用训练，占用了学生大量的实验操作时间，既影响了仪器操作训练和实验结果，又影响了仪器设备的完好率，已不能适应新形势下实验教学的需要，实行基本技术单独训练基本解决了这个难题。实验中心组织编写了《生命科学仪器使用技术教程》，借给学生阅读使用，每学期开学前三周，利用实验室开放时间，学生可根据自己的时间和本学期实验的需要，对实验基本技术、仪器操作技术进行训练。经考核合格后，发给仪器使用证，学生方可进行下一步实验，这样不仅有利于学生很好的掌握仪器设备的使用技术，而且提高了仪器设备完好率，节省实验学时。通过基本技术单独培训规范学生的基本操作，培养学生一丝不苟的作风和严肃认真的科学态度。使学生不仅掌握了实验的基本技术，而且为学生以后实验的顺利进行打下了很好的基础。采取以上训练为必修实验、选修实验和自主创新实验做充分准备。

（4）加强基础必修实验

基础实验重在基础，面向综合。要科学设置基础实验内容，在这个知识层面上着重于基础理论和基本技能的训练，树立实事求是、严谨踏实的学风。培养学生具有分析、归纳、总结实验数据和实验现象的能力，在基本原理、基本方法和基本实验技能方面严格训练，狠下工夫。生物学科大部分课程都包括实验，具有实践性很强的特点，学生的专业素质主要体现在实验能力上。基础性实验是其他三个层次实验的基础和条件，要求学生在学习生物学基本知识的基础上，理解实验原理，学会常规仪器的操作使用，掌握生物学的基本实验方法和技能，使学生受到较为系统的前期基础训练，为以后的设计实验、专业实验和生命科学研究打下坚实基础。

（5）增加选修实验

学生完成必修实验后，实验中心根据大纲要求给出学生固定的实验题目，学生自主选择实验方法，利用开放时间进行选修实验。

（6）设立"生物学综合大实验"课程

该课程4学分，按照生物学研究规律和方法，设计出5个同一门课程之间或各门课程之间内容、技术和方法的综合大实验，在短学期开设，加强学生综合运用生物学知识、技术和方法分析解决实际问题的能力。根据实验的实际需要，采取课内和开放时间相结合的方法开展实验教学。

（7）强化设计（探索）实验

设计性实验是在基础性实验的基础上开设的，通过设计实验训练学生综合运用所学知识，利用多种实验仪器，在比较复杂的条件下，观察实验现象、测试实验数据、分析和解决实验问题的能力。每门实验课均有设计实验，学生根据自己兴趣选择实验题目，查阅参考文献，设计实验方案，在开放时间进行。

设计性实验属个性化培养范畴。在学生掌握了较强的实验技能后，让他们独立完成实验课题，教师只给出实验题目和要求，学生自己设计实验方案，并在教师指导下进行实验研究。设计性实验的开放将学习的主动权交给了学生自己，学生成了实验的主体，在没有详细讲义、只有设计要求的前提下，学生要从查阅相关资料开始，设计实验方案，测试、分析数据，得出实验结果及结论，并写出创新实验论文。在整个过程中学生把实验中遇到的难点、疑点进行归纳、整理、分析和总结。这有助于进一步提高学生分析问题和解决问题的能力，也培养了学生高度概括实验的能力，促使学生用简洁、准确的语言来表达自己的观点，为毕业论文的撰写打下基础。

（8）做好实验总结讨论

每个实验之后组织学生总结讨论，分3个阶段，首先由指导老师简单介绍该实验过程中出现的问题，学生针对这些问题结合自己的实验情况展开讨论；然后再由学生提出自己实验过程中遇到的问题和得到的实验结果，师生共同探讨成功或失败的原因；最后由指导教师对讨论中提出的全部问题进行总结，并将相关学科前沿知识、技术和方法加以介绍。这样，使学生进一步消化实验中遇到的问题，加深对实验过程和结果的理解和认识，使学生对实验全过程有了更深层次的理解与掌握，拓展了学生的知识面。该环节使实验教学方法由灌输式教学变为启发式教学，调动了学生参与讨论的积极性，激发了学生实验兴趣，锻炼了学生的表达能力、归纳总结能力和思维能力，取得了很好的实验教学效果。

（9）充分利用现代化教学手段辅助实践教学

随着实践教学改革的不断深入和现代教育技术手段的快速发展，极大地推动了实践教学方法和手段的改革，恰当应用信息化、网络化的教育技术辅助实践教学，已成为现代教学方法的主流。我们针对生物学自身动态性、微观性、连续性强的特点，在实践教育技术手段开发与应用上，根据不同实验内容采取不同的表现形式。重点应用模拟演示、电子教案、多媒体课件、网络、视频录像、微机数据处理和建立"网络学习小课堂"等多种现代化的教学手段辅助实验教学。

① 开发和完善全部必修课程的网络课程。网络课程内容包括课程介绍（适用对象、内容精要、主要特色、主讲人介绍）、实验大纲（指导教材与参考书、课程性质与目的及任务、教学基本要求、教学内容与要求、考核方法）、专业英语索引、自测、资源扩展素材库（图片、动画、视频）、交流平台（问题解答、效果反馈）、网络视频等内容。全部网络课程在网络环境下良好运行，有助于学生对实验课程相关知识、相关技术、相关方法等全面的学习和理解。

② 制作了全部主干实验课程的教学视频录像。通过生动的视频演示，精练的解说，让学生较直观地感受和了解实验的操作技术。

③ 制作了全部基础实验课程的多媒体课件。用于教师对实验的讲授和学生对实验的预习，帮助学生对每个实验全过程的总体把握和实验基本技术、基本方法和注意事项的理解，保证每个实验前做到心中有数，保证实验过程的顺利完成。

④ 建立了网络选课系统。包括选课要求、选课内容、选课安排、选课统计等。每层楼均放有实验室信息查询和选课系统，并与网络连接，可查询实验室分布、主要仪器设备、实验项目、各实验室负责人、联系方式等信息，还可进行实验课查询和实验预约。

⑤ 建立了"网络学习小课堂"。建立了实验教学工作网站，全部的多媒体课件、网络课程和教学视频录像等教学资源在网上良好运行，同时用于实验教学安排、实验技术交流、网上选课、教学效果反馈和实验教学管理等。

⑥ 设有80台微机的机房免费对学生的开放，进行实验理论预习、相关文献查阅、实验数据处理、撰写实验报告和论文及提交实验报告等。

⑦ 有11个实验室配备多媒体教学系统，并接入实验中心局域网和教育网，随时可调用网上实验教学资源。

4.3.2　开放式实验教学方法

开放实验室是培养创新人才的新途径，也是实行实验教学改革的重要过程。开放实验教学解除了一些不利于发展学生实践能力的限制，把着眼点放在培养学生的能力上，使学生真正的从被动转为主动，成为实验的主人，促进了理论与实践的结合；改变了学生对老师的依赖性，学生可以根据自己的情况安排实验时间和内容，调动了学生的积极性和主动性，使学生在由浅入深的实验过程中，能够充分地学习、消化和吸收；有利于因材施教，实验兴趣浓厚、积极主动的学生可以做一些选修实验或设计性实验，使不同层次的学生得到不同的锻炼与提高。开放实验教学提高了设备的利用率。原有的实验模式是学生统一进行实验，实验项目少，同类实验组数多，设备紧张，实行开放实验以后，充分利用现有设备、实验室条件，采取多项实验同时进行的方式，提高了设备利用率。

开放式实验教学是指在构成实验教学的内容、方法、技术、评价、时间、空间、资源和管理等方面的完全开放和部分开放，形成一种动态、开放、自主、多元的全新实验教学模式。开放实验室不仅是指仪器设备与时间概念上的开放，更是指实验课程、实验项目、研究课题的开放。在开放式实验教学模式中，学生根据自己的情况选择时间进行自己设计的实验，学生的创造精神和实践能力在自由的空间中得到更好的培养。不同层次的学生可以依据实验教学目的和自己的兴趣爱好，自主选择实验内容、实验时间和实验地点等。同时，使学生丰富的想象、创新的欲望得到实践机会，锻炼他们自身的实验能力，有利于学生在学习过程中主动性和创造性的发挥。从而推进学生自主学习、合作学习、研究性学习，创造学生自主实验、个性化学习的实验环境。

吉林大学生物实验中心在时间、空间、各类实验室、各类仪器设备、网络文献数据库、网络资源和课件等实验资源免费向学生开放，为开放式实验教学服务。开放式实验的场所不再局限于固定实验室，实验可以在教学实验室进行，也可以在科研实验室进行，使资源得到充分利用，实现资源的最优化配置。同时，实验室在计划教学时间外全部开放，包括寒暑假、双休日和工作时间外向学生开放，以增加学生实验时间。时间开放的形式可根据需求采取全天候开放、定时开放或预约开放。

4.3.3 自主创新实验的教学方法

自主创新实验是通过搭建创新实践教育平台体系、构建创新实践教育内容、建立适合学生创新实践教育实施流程、采取开放式的教学模式等来完成学生创新实践的教育，这样，在一个宽松的思维、想象空间里，激发学生的兴趣，启迪思维，培养团队意识、攻坚毅力、竞争意识和创新精神。

自主创新实验是一个从激发学生兴趣、引导学生设计思路，到模拟科研训练、科研实际训练的循序渐进的过程。在基础实验、综合实验、设计实验和实验室开放的基础上，根据大学生实践能力和创新精神培养的需要，建立了适合于低、中、高年级科技创新实践活动的教育过程：低年级学生设置固定设计实验题目，学生自行设计实验方案，引导学生设计实验思路、方法和创新意识；高年级开设研究创新实验，学生根据自己的兴趣自主选择研究题目、查阅资料、设计实验方案，根据自己时间来实验室进行实验研究、处理实验数据，也可选择教师科研项目中一部分作为自己的研究题目，通过撰写研究论文等程序模拟科研训练，同时，组织学生参加大学生科技创新竞赛。该体系使大学生科技创新实践活动由课内延伸到课外，有的延伸到毕业论文。自主创新实验内容是每门课后开设的设计实验和单独开设的研究创新实验、大学生参加教师科研项目、国家大学生创新性实验计划项目、教学计划外的学校大学生创新性实验计划资助项目、校团委大学生科技创新基金项目及向校外大学生设立的"生命科学与技术研究创新基金项目"项目等。

大学生创新实验的可操作模式是①总结出设计创新实验实施流程和实验室开放工作流程。学生通过网络可以清楚地了解研究创新实验的整个流程，学生根据自己的安排选择进入实验室进行研究的时间，提高了效率。②加强大学生创新实验的日常管理：填写"大学生创新项目申请书"；进实验室前签订"大学生创新安全卫生协议书"；填写"大学生创新物品领用申请单"；随时填写"创新实验物品消耗记录簿"；严格按要求在"大学生创新实验记录本"上如实记录；认真填写"开放人员登记簿"、"值日生完成登记簿"、"仪器使用记录簿"等；实验结束后，及时归还领用物品，提交项目申请书、记录本和论文等存档。③设立创新实验总指导。专设一名知识面广、实验技术水平高、经验丰富、爱岗敬业的教授做总指导，负责组织选题、讲评、中期汇报、总结和文献检索、论文撰写咨询，帮助学生选择指导教师。④鼓励学生参加科技创新活动。创办了大学生科技创新交流的《大学生创新实验》期刊，企业设立"创新实验专项奖学金"，调动了大学生科技创新的积极性和主动性，激发了大学生科技创新热情；与学校团委共建了"吉林大学大学生科技创新实践基地"，面向全校本科生设立"生命科学科技创新基金项目"，扩大了实验室开放共享的范围。⑤创新实验经费保障：通过学校提供专项实验材料费、校团委设立的"大学生实践创新基金"、教育部及学校大学生科技创新项目、实验中心对外开放创收和企业赞助等筹集经费，保证创新实验可持续开展。

自主创新实验的教学过程包括：

① 立题阶段。立题即选题。选题是设计性、研究性实验的首要问题，选题正确与否决定着实验的新颖性和实验的意义，甚至决定着实验的成败。设计性、研究性实验的选题过程是一个创造性思维的过程。此阶段由创新实验总指导进行选题指导讲座，学生自主选题。培养学生如何选择具有科学性、先进性和可行性的题目。

② 获取信息阶段。当选定研究项目后，需要查阅大量的文献资料及实践资料，了解该项目近年来已取得的成果和存在的问题，找出要研究的课题关键所在，提出自己新的构思或假说，从而确定研究的方案。同时，也可在方案中恰当地引用文献中先进的实验技术、方法。在此阶段先进行文献检索讲座，学生查阅文献资料，进行文献综合，确定研究方案。锻炼学生收集整理信息和科学运用信息的能力，培养学生的科学思维。

③ 创新实验方案设计阶段。在收集大量有关文献资料后，根据实验的目的和要求，寻求科学的、可靠的、有说服力的实验原理；依据实验原理确定实验的工艺过程，选择适合的实验方法；再根据实验方法合理选择仪器设备，准备好实验材料；周密分析实验中可能出现的各种误差来源和影响实验结果的因素，并拟定好消除或减少误差和避免实验结果受影响的措施和方法；确定创新性实验的具体步骤和注意事项，实验时间的安排等。最后填写"大学生创新性实验计划"项目申请书，内容包括：项目名称、小组人员名单、申请理由、研究内容、项目进度安排、拟利用资源、经费预算与用途、项目预期成果、诚信承诺、指导教师意见、评审组意见、实验中心意见。这个过程可让学生了解科研课题申报的程序，培养学生用精炼语言表达自己的创新思想和设计方案，锻炼学生综合归纳的能力。

④ 师生讲评阶段。此阶段是对学生创新性实验设计方案的合理性、可行性和创新点进行分析论证过程。评审阶段可分为三个程序进行，即老师初审、学生修改、学生老师讲评。学生把设计方案交给实验中心，实验中心根据设计实验内容，分发给专业相近的实验指导教师，由实验教师对实验方案的合理性、可行性、创新性和实用性等进行全面评审，并写出指导性评语和修改意见，此为老师初审阶段。老师初审后返给学生，针对修改意见，再查阅有关文献资料，进行修改，使实验设计更具体，更细化，此为学生修改阶段。修改后，实验中心组织由指导教师和全体学生参加的实验设计讲评，由每个设计小组推荐一名成员，把自己的设计方案做成 PPT 格式讲述 10min，然后学生和老师对有关问题进行提问和探讨，在这一个过程中学生踊跃提问，指导教师也可帮助解释，此为学生老师讲评阶段。这个阶段不仅使学生的设计方案存在的具体问题得到解决，更具可操作性，而且使学生思路开阔，培养了学生的科学思维和创新意识，锻炼了学生语言表达能力、应变能力和评价能力。

⑤ 实验实施阶段。这一阶段是实验研究的关键阶段，是实验的主体阶段。学生主要是按照自己设计的实验步骤、实验时间安排有条不紊地完成实验的过程。此过程要求操作认真，观察细致，动脑分析，记录规范。这个阶段，很可能出现预想不到的现象或发生突发事件，头脑要冷静，要及时分析、查找原因，并找到合理解决的方法。要求学生详细、准确、实时地记录实验过程，按照记录本规格要求、记录书写要求、记录内容的要求、记录修改的要求及其他注意事项等方面对学生的创新实验记录进行严格规范，培养了学生科学、严谨和务实的科研作风。在这一过程中，学生从实验材料的准备、试剂的配制、时间的安排，到实验过程的操作、实验结果的分析和数据的处理，都由学生自己进行，使学生独立动手能力，独立分析问题和解决问题的能力得到了提高。同时，由于学生在实验中靠自己的努力，排除各种困难，不仅培养了科学研究的品质，而且增强了学生的自信心。

⑥ 数据统计分析、撰写研究论文阶段。为了规范学生创新实验科技论文的写作，提高学生的论文撰写能力，制订了"科研论文撰写要求"，对论文内容、文件格式和排版格式进行规范。同时，安排科技论文讲座。要求学生对实验数据进行科学的统计

分析，把实验研究成果撰写成一篇学术论文，论文均在《大学生创新实验》交流期刊上发表。此阶段对于大学生的科学研究过程的归纳总结能力进行初步训练，同时也为今后撰写研究论文打下良好的基础。

⑦ 座谈总结阶段。实验结束后，组织学生座谈，先由每个实验小组对实验的过程和结果进行阐述，再由指导教师或其他组学生对其汇报的论文提出问题，被评组学生均可回答问题，提出问题的内容包括：文献准备与背景知识，思路与技术手段的实践情况，操作环节与实验结果，分析讨论与存在的问题等。这一阶段锻炼学生归纳总结能力，表达能力，对实验过程中的现象和结果达到科学的解释。讨论后，指导教师应对创新性实验的全过程进行总结，充分肯定同学们的设计热情和创造能力，对每一个创新性实验进行点评，主要是肯定其长处和富有创造能力的想象，目的在于鼓励创造、鼓励探索、鼓励把生物学知识应用到解决实验问题中去，这些做法激发了学生极高的科研热情，培养了学生的创新意识、创新精神和创造能力。

⑧ 成绩评定阶段。为准确、公平和客观地考核创新实验成绩，调动学生实验的积极性、主动性和创造性，激发学生的学习热情，提高学生的综合素质，使实验成绩更全面真实地反映学生的实验技能，我们把创新实验成绩分为实验习惯、实验方案设计、实验操作和实验论文四个部分进行考核。实验习惯是学生实验素质、科学研究品质的具体体现。学生良好的实验习惯，体现在实验前、实验中和实验后等实验教学活动的各个环节中。创新实验习惯成绩占 10%；根据学生实验设计内容、水平，准确、客观、科学地评定每个学生的实验设计方案成绩，实验方案设计成绩占 30%；实验操作是学生实验技能的真实体现，在实验成绩考核中应占有较大的权重，创新实验操作成绩占 40%；创新实验论文是对实验操作过程、实验现象和实验结果作出科学分析的一个总结，是学生分析问题和解决问题能力的体现，创新实验论文成绩占 20%。创新实验习惯成绩不及格者该科总成绩视为不及格，通过成绩评定方法，引导学生知识、能力和素质全面协调发展。

⑨ 奖学金评定与经验交流阶段。为了鼓励学生科技创新，高新技术企业设立了"创新实验"专项奖学金，由科技创新奖学金评审委员会，根据学生科技创新过程中的实践能力、创新能力、科学思维及科技创新成果等分一、二、三等评定创新实验专项奖学金，并选部分学生代表进行创新实验经验介绍。最后由创新实验总指导对创新实验全过程进行总结。

整个过程从课题申报、论证答辩、方案修订、实验实施，到实验记录、数据处理、撰写论文、科学总结和经验交流，学生类似完成一个科研项目，使学生得到了科学研究全过程的综合训练，引导学生早期参与科研项目。

4.3.4　校内实训教学方法

在建立的生物技术校内实训基地，对学生首先在实验室开放条件下培训相关技术涉及中试型设备实用技术，经考核合格后，再进行"细胞工程、基因工程、发酵工程、生物活性大分子物质的分离纯化、生物制剂和分析检测"等综合技术的实际训练。此过程把专业基本方法和技能的训练与实际生产、研发融为一体，起到实验和校外实习无法起到的作用。

4.3.5 校内外实习教学方法

实习是高等学校组织大学生进行的现场教学活动，是重要的实践性教学环节。随着素质教育愈加得到重视，学生的创新精神和实践能力培养已成为高校的一项重要工作。校内外实习教学主要指在校内实习和校外实习两个方面，而校外实习又分为动植物野外实习和工厂企业的实习。实习是一项受多方面条件影响和制约的实践性教学环节。要实现校内外实习教学方法的改革必须建立与之相适应的校内外实习教学条件平台，为校内外实习教学方法改革提供必备条件。实习教学方法应根据实习内容分别建立相应的野外实习、认知实习、生产实习和科研实习的教学方法。

（1）野外实习的教学方法

野外实习教学活动是实践教育的核心组成部分之一。动植物野外实习是区别于其他课程的重要课程，是培养学生科学的世界观、人生观、价值观的重要渠道；是学生理解理论知识、形成主动学习精神、锻炼综合素质和能力的重要手段；它既是生物学课堂教学的继续，也是让学生掌握生物学野外科学考察和研究方法的一个相对独立的实践性环节。通过野外实习可以把书本上的生物学理论与实际的生物学现象结合起来，真正理解课堂上所学到的知识。因此，生物学野外实习是生物学教学环节的有机组成部分。通过野外实习，一方面结合实际应用和验证课堂教学所学得的理论与知识，加深和巩固对教材内容的理解；另一方面野外实习是学习生物学的调查方法和技能，以及综合分析观察自然现象相互联系、互相制约的关键。所以野外实习是培养学生分析问题能力的一项基本功训练，必须认真对待，高度重视。我们利用长白山动植物野外实习基地、左家药用植物实习基地和吉林省农业科学院转基因动植物实习基地，通过实习前动员、实习讲座，带领学生采集标本、制做标本，写实习报告、实习论文，集中总结讨论等过程，培养学生的观察能力、思考能力、动手能力、创新能力、表达能力、写作能力。并将他们亲手制作的标本摆放在标本室内，选择典型的发布在网站上，供下一届学生学习借鉴。

（2）认知实习教学方法

学生在学习专业课前或在课程进行中，带领学生到相关的教学实习基地认知实习。向学生介绍生产、科研实际工艺过程涉及的相关设备、设施和环境要求，使学生在感性认识的前提下回到课堂上听课，有利于学生理解相关内容知识和技术方法。

（3）生产实习的教学方法

生产实习教学前首先进行实习前动员和实习内容讲座，使学生明确实习目的、实习内容和实习要求，然后带领学生进入生产实习基地，聘请企业的业务骨干分成组进行企业生产整体介绍，再划分成小组采取轮岗制的方式跟班实习。在生产实际实习中，要求在掌握生产技术的同时，要了解生产管理方法，要善于发现生产技术方面存在的问题。实习后要求学生完成实习总结报告，在实习报告中要求学生重点讨论现行生产中存在的技术问题和管理问题，并提出解决措施或建议。最后召开实习总结报告会，总结交流实习体会和心得。这样，学生熟悉了生物技术产品的生产工艺路线、生产技术，进一步稳固了专业理论知识。同时，培养了吃苦耐劳、爱岗敬业、团结协作、积极思维和科学管理的素质。

（4）科研实习教学方法

科研实习贯穿于校内外实习教学、野外实习教学和高新技术企业实习等实践教学的全过程。培养了学生的科学思维和创新能力，使学生由记忆型、模仿型向思考型、创新型转化；学生在科研实验室、研究所和生产基地进行毕业论文设计，进行科研实际训练。在学生科研实习中开放贯穿于实践教学全过程：在实践教学场所、时间和项目都向学生开放，给学生一个宽松空间，发展其主动精神和个性，培养学生实践能力和创新思维。

在整个的实习教学过程中，由基础、综合、研发到应用，形成一个完整的实习教学方法。加强了教学与科研、生产结合的深度，使教学、科研和生产互相渗透，相互贯通，逐级提高，实现了学、研、产的全方位对接，使学、产、研有机结合，为学生提供了科研、生产和管理的实践舞台，把培养人才、完成科研和生产任务、为社会创造财富统一于一个过程之中。

第五章

生命科学实践教学管理模式及运行机制的改革

随着高等学校教学改革的不断深入，实践教学环节的建设越来越得到各方面的高度重视，通过世界银行贷款、"211"工程、"985"工程、中央财政修缮项目和学校自筹等加大了高校实验室建设投入，使高校实践教学条件有了明显的改观，这无疑对实现我国高素质创新能力人才培养的跨越式发展提供了硬件条件。2005 年教育部启动了国家级实验教学示范中心的评审工作，并评审出 25 个首批国家级实验教学示范中心，必将带动我国高等学校实验室的建设与发展，也适应了创新型国家建设的需要。但如何通过建立科学管理模式和有效运行机制最大限度地活化现有的优质资源，扩大受益面，使其在人才培养中发挥最大功效，是目前摆在各高等学校面前的重要课题。对此，我们从实践教学管理体制、管理方法、运行机制等方面进行了探索，取得了初步成效。

5.1　实践教学管理模式存在的主要问题

科学的实践教学管理模式是提高教学效率、充分发挥育人功能的前提。随着高等学校教学改革的不断深入，实践教学管理模式的改革也在逐步深入，并取得了一系列富有建设性的成果。但是随着社会对创新型人才要求的逐步提高，一些高校实践教学管理模式不能适应新形势下教学改革的需要，不能使现有的优质资源真正发挥其应有的功效，从而阻碍了实践教学的进一步改革和人才培养模式的创新。

目前，一些高校实验室管理体制仍以"三级管理"模式居多，即学校—院（系）—教研室的管理模式。实验室在建设过程中，教研室各为其政，缺乏统一规划，没有做到人、财、物真正统一管理，导致实验室设置小而全，低水平重复建设，实验室、仪器设备、实验人员、实验室建设和运行经费无法统筹协调。由于体制和机制的限制，严重阻碍了实验内容体系、队伍建设等方面的深入改革。

实验室规范化和科学化管理有待加强，有些实验室管理随意性太强，没有制定严格的、规范的、切实可行的管理制度。表现为两种现象：一种现象为管理混乱，设备随意使用，无人管理或者缺乏管理，造成配件丢失，仪器损坏无人修理；另一种现象为管理方式僵化，为了避免仪器损坏制定了复杂的申请程序，或者根本不能进行正常使用，导致设备利用率低、资源严重浪费。由于实验室粗放式管理，使得管理制度成了"空中楼阁"，落不到实处。另外，没有针对实验教学、实验室建设、实验室各种资源、创新实验等制定出具体完整的管理办法，使得实验室的管理不精、不细、不实，因此，管理很难打造出精品实验室。

由于受经费、人员和技术条件等限制，对于现代化信息化管理手段的开发与应用不足。尽管有些高校实验室开发或引进一些信息化管理手段，但真正在实践教学和实验室建设与管理中充分发挥作用的并不多，效果也并不明显，致使管理效率低，管理仍在低水平徘徊。

实验室管理育人功能的发挥对人才培养起着不容忽视的作用，然而，很多高校实验室制定的管理制度、采取的管理方法等不能完全体现以人为本，没有通过有效的管理来发挥人的主观能动性与创造性，没有真正实现管理所应产生的教育、引导、陶冶的功能。

实验室的开放管理是决定开放运行的关键，开放是主旋律，但开放不等于放任。开放实验室与常规的教学实验室最大区别在于，同一时间进入实验室的学生层次不同，实验活动规律差别大，要求实验室开放时间长，仪器完好率高，这就需要配备值班教师，负责监督和管理实验室秩序。由于实验时间的不确定性，实验项目的多样性和实验内容的多变性给实验室的管理、指导等带来许多不便，所以要有一定的管理措施对实验室开放进行约束，制定实验室开放的相关制度，规范实验室开放行为，使开放式实验教学既生动活泼，又井然有序。由于实验内容增多，而且很多实验是创新性、综合性实验，实验费用远高于传统实验的费用。实验经费不足，影响了实验教学效果，达不到开放实验室的目的。开放运行过程中需要有很多的教师参与方案审定和指导，花费教师大量的时间和精力，教学工作量不能计入。实验室开放后，教师和实验室工作人员都是利用课余时间乃至于休息日开放实验室，进行实验教学的辅导工作，教师和实验室工作人员的工作量增加了，这些超额的工作量如何付酬，经费从何而来也就成为实验室开放所带来的新问题。

实验室如果不能全方位开放，必然导致实验室利用率低下，不能为学生个性发展创造更好的条件，限制了学生创新意识、创新思维和创新精神的培养，也就发挥不出实验室培养创新型人才的重要作用。

5.2　实践教学管理模式的改革思路

从改革实践教学管理体制入手，实行主任负责制的实体化运行；建立"精"、"细"、"实"（打造精品、细化管理、求真务实）与现代化管理手段相结合的管理模式，使管理制度化、规范化、科学化、从而使各种资源发挥最大功效，建立实验室全方位开放运行机制和开放运行保障体系，为学生个性发展创造环境条件，从而保证资源有效共享和创新型人才的全面培养。

5.3　实践教学管理模式的建立

高校实验室是培养业务能力强、综合素质高和具有创新能力人才的基地，是科学实验和创新成果的源泉。如何建设好实验室、用好实验室，使其真正在人才培养中发挥其应有的作用，是教育改革的重要组成部分，也是提高实践教学质量和科研水平的基础。因此，必须建立科学的管理体制和有效的开放运行机制，才能适应新形势下高校对实践能力和创新能力人才培养的需要。

5.3.1　改革管理体制，建立实体化运行机制

（1）管理体制改革

实践教学的管理体制直接影响到实践教学改革和实验室的建设与发展，在实践教学改革中管理体制改革是关键。只有改革原有的不利于开展实践教学的管理体制，实验教学的一系列改革才能得以顺利进行，实验教学的各种优质资源才能活化与共享，实验室的建设才能适应新形势下人才培养的需要。自 1999 年开始，我们以原有的 7个教学实验室为主体组建生物基础实验教学中心，校院两级管理，主任负责制，实行了实体化运行，实验教师和实验技术人员由中心自行聘任，实验室建设经费和实验教学运行经费由中心主任严格按项目要求审批集中使用，实验室、仪器设备和实验材料由中心主任统一调配，现有的 74 间教学实验室（4500m²）和 2331 台（件）仪器设备完全实行统一调配。实验教学由中心统一安排，真正实现了资源共享。这一改革虽然遇到很多阻力，但通过几年的实践，已逐渐被人们所接受，而且在实验教学改革中越来越凸显成效，为实验教学内容体系、师资队伍、管理模式等一系列的改革奠定了基础。

几年来，我们打破传统的实验室管理模式，应用现代化管理手段和方法，建立全新的、符合创新人才培养的管理模式，最大限度地活化教学资源，提高教学质量，保证实践教学各项工作的高效运行。

（2）组织建设

实践教学改革和实验室的建设与发展，一个优秀的领导核心是关键；实验室能否科学、高效运行，建立监督机制是保障。为此，我们成立了实践教学管理委员会和督学委员会。实践教学管理委员会由主管实验室的副院长兼主任，下设一名常务副主任，全面负责实验教学中心的建设和发展规划、实验教学和管理、人员聘任和考核、经费使用计划和审批等工作。实践教学督学委员会由院长兼主任，负责对实验中心主

任、副主任工作的考核，并监督、检查和指导实验教学过程及教学计划的执行情况，组织实验教学改革评价和实验教学质量评估等工作。几年来，实验教学管理委员会和督学委员会发挥了重要的作用，不仅促进了实验教学改革，有效地防止仪器设备重复购置，而且为实验教学规范化管理、经费合理使用和提高教学质量提供了保障。

5.3.2　改革管理方法，建立"精"、"细"、"实"和现代化管理手段相结合的管理模式

为了使各种教学资源发挥最大的功效，保证人才培养方案顺利实施。我们建立了"精"、"细"、"实"的管理方法（打造精品、细化管理、求真务实），实现了实验室管理的制度化、规范化、科学化。

（1）管理的制度化

只有根据实践教学改革和实验室建设与发展的需要，逐渐建立起针对性强、切实可行的管理制度，才能保证人才培养方案顺利实施。几年来，我们针对实验室、仪器设备、实践教学、环境安全、实践教学与管理人员、实验室开放运行、实验材料、实践教学经费、创新实验等，逐步建立起可操作性强的管理制度34项，例如，"实验教师教学岗位责任制"、"实验技术人员教学岗位责任制"、"助教研究生教学岗位责任制"和"学生实验守则"，我们分实验前、实验中和实验后来明确实验教师、实验技术人员和学生各阶段工作职责，使工作和责任更明确、更具体、更有针对性，保障了实验中心的建设与管理有章可循。同时，我们将中心全部工作进行"树状"划分，明确每个人在实验室建设与管理、实验教学、仪器设备管理、教学改革、科学研究等方面的职责，保证中心的各项工作有人抓、有人管、有人做、有人评，使中心的各项工作真正能落到实处。

（2）管理的规范化

规范化管理是管理水平的标志之一，是实验教学有序进行的保证。我们加强了日常管理：规定进实验室的教师要佩戴名签，填好实验室工作日志和平时成绩记分册；进实验室的学生，都有对应的实验台、实验凳和仪器设备编号；设有迟到自签簿、值日生工作完成登记簿，让学生一进实验室就有一种责任感。规范了仪器设备管理：每件仪器均有仪器卡片、独立条码、仪器使用证、仪器操作规程、经费来源标识和针对不同仪器制定的记录簿等，随时可以掌握仪器运行状况和去向。完善了档案管理：建立了详细的工作档案管理项目和各类人员归档要求及借阅管理规定，目前，已建立了工作档案2104项，并有对应的计算机检索数据库，随时可查到各种信息。通过实验教学的规范化管理，使实验中心的管理秩序化，保证了实验教学改革方案的顺利实施。

（3）管理的科学化

科学化的管理是实践教学管理层次和水平的重要标志，也是减少实验室管理工作

量、提高工作效率、推进管理向更合理、更符合人才培养规律发展的重要途径。而科学的管理除了制定切实可行的管理制度和采取行之有效的管理方法外，还应充分开发和利用网络化、信息化管理手段，来实现对实践教学全过程的时实管理。我们建立起"网络小课堂"，制作了全部必修实验的多媒体课件和网络课件及实验教学录像。学生通过网络小课堂，可以进行实验查询、预约实验、预习实验、模拟实验、设计实验方案、提交实验报告、相关知识学习、实验交流、实验教学效果反馈等工作；开发了实验教学管理信息系统［LIMS（laboratory information management system）］，该系统包括实验教学流、资源管理流、科研流、仪器检测流和环境监测流等内容，每个实验台上安装 LED 电子助教系统，并与局域网连接，用于学生实验分组，实验内容和注意事项传输，演示实验和实验教学互动等；开发了局域网络通信系统，通过局域网络发布教学安排，这种局域网络通信系统还可用于员工考勤、文件传输、发布信息和通知等。通过现代化、信息化管理手段的开发与应用，实现了对实验教学全过程的科学管理。

① 网络教学平台。网络教学平台是信息化管理的核心内容，包括数字化课程、创新实验"小课堂"、教学效果反馈专栏、实验查询系统、多媒体教室和微机室等组成部分。实验中心通过网络教学平台实现了实验教学、仪器设备基本信息等网络化管理，实验大纲项目、实验教学计划、实验仪器设备、固定资产等随时可以通过网上查询。此外，还建立了学生网络管理系统，对学生的实验数据、结果进行存储、调用和评价，为综合评定学生成绩、了解实验教学效果提供了很好的手段。通过网络教学平台还可以实现实验教学安排、实验预约、实验预习（内容精要、课程介绍、实验大纲、学习指导、课程学习、自测、交流平台、资源扩展）、模拟实验、技术交流、实验教学效果反馈等功能。

• 数字化课程。数字化课程是现代数字化技术与网络信息技术的结合，利用因特网传输速度快和承载信息量大的特点，通过将视频录像和多媒体教学课件等教学资源上传到中心的网站上，使学生随时可以通过互联网访问中心的网站学习相关内容，方便同学课前预习和课后复习。目前实验中心制作了全部必修实验的多媒体课件、9 门课程的网络课件和 6 部视频录像并全部上传到中心网站上，供同学们参考学习。

• 创新实验"小课堂"。创新实验"小课堂"是建立在中心网站上的互动空间。通过"小课堂"可以进行创新实验安排、网上答疑等内容，也为学生提供了相关知识学习、创新项目申请、表格下载、实验查询、实验方案设计、创新实验模拟、实验预约、仪器预约、实验报告提交、论文提交、创新交流、实验教学效果反馈的学习、交流平台空间。

• 教学效果反馈专栏。教学反馈专栏是实验中心建立的多途径、多形式、多措施、全方位的教育效果评价体系。在校学生、毕业生、助教研究生和教师可以随时通过教学效果反馈专栏进行教学效果评价，并及时向师生反馈和沟通有关问题，提出改进建议。

• 实验查询系统。实验查询系统具有实验选课、实验安排查询等功能。学生可以通过查询系统查询实验中心开设的各类实验的名称、学时、学分并根据自己的爱好选择选修实验。学生在上实验课之前还可以通过该系统查询上课的时间、教室的位置、有关的规章制度和要求等。在实验中心的每个楼层都设有实验查询系统的终端，以方便学生随时查询。

• 多媒体教室和微机室。实验中心有 11 个实验室配备多媒体教学系统并与网络连接，随时可调用网上实验教学资源。中心还配有专门的现代化多媒体教室和免费对学生开放的微机室，用于学术报告、实验理论讲授、创新实验的论证、实验总结讨论、实验数据处理、撰写提交实验报告和论文等。

• 日常信息管理。实验中心网站承载了全部的日常管理信息。通过网站中的各个栏目可以进行实验中心的组织机构、管理体制、师资队伍、仪器设备基本信息、实践教学大纲、教学计划、固定资产等信息的管理和相关资料的下载。既为中心的日常管理提供了信息平台，也为中心的建设成果提供了展示的窗口。

② 实验室信息管理系统。实验室信息管理系统，即 LIMS 是实验室现代综合管理的一种理念、技术、方法、产品和整体解决方案，是一个专门为实验室设计的信息管理系统，以实验室样品分析，数据的采集、录入、处理、检查、判定、存储、传输、共享，报告发布以及业务工作流程管理为核心并建立完善的质量保证体系，同时将实验室的人员、材料、设备、技术、方法、资料档案等资源进行综合管理，实现检验数据网络化共享、无纸化记录与办公、资源与成本管理、人员量化考核，为实验室管理水平的整体提高提供先进的技术支持。

实验中心使用的 LIMS 是与软件公司合作开发的具有自主知识产权的实验室信息管理系统，它集人员管理、财务管理、物资管理于一体，实现了实验教学信息管理、资源信息管理、科研项目管理、检测信息管理和环境监测 5 个流程之间的信息相互关联，能够实现各种相关信息的查询、统计、输出、打印等功能。该系统的应用降低了实验室成本消耗，实现了实验室内部网络化全面协调管理，提高整体工作水平和工作效率。管理人员凭密码进入系统后，根据自己的管理权限选择下一级目录，进行相关管理操作。

• 实验教学信息管理。实验教学信息管理功能实现了对实验教学的全程监控，通过建立实验教学信息数据库进行实验教学安排、创新教育安排、实验准备和实验运行情况监控、学生实验成绩汇总和统计分析、教学工作量统计、仪器设备和实验材料及药品的申请和审核、采购统计、各实验室使用和结余统计、实验器材消耗和实验成本核算。该管理功能还实现了对创新实验教学全过程的监控管理。

• 资源信息管理。资源信息管理功能通过建立资源信息数据库，实现对实验中心人员、固定资产和科研教学成果进行储存和管理。管理人员可以随时从数据库中检索相关信息。仪器设备信息数据库记录了实验中心仪器数量、状态、所在位置。各大型设备的运行状态、实用信息和空闲时间等信息。实验材料信息数据库记录了中心各种实验材料和消耗品的库存量、消耗情况。并能显示剩余物品的分布，实验药品可以精确统计到克级水平。

•科研项目管理。科研项目管理功能可以监控实验中心所承担的科研项目实施情况，记录了项目申请（项目申请书）、中期报告（中期报告书）、结项报告（结项报告书）和项目日志等信息，并可以对项目进行成本核算。

•检测信息管理。检测信息管理利用管理系统的数据传输和数据储存功能。将检测设备联入 LIMS，可以自动完成业务受理（检测任务单）、样品登记（留样登记）、检验数据输入（原始记录单）、一二级审核、报告编辑（检测报告评价报告）、报告审核（检测报告评价报告）等功能，并对信息进行储存。

•环境监测。环境监测功能通过管理系统与各实验室中的监测设备组成的监测网络对实验室的温度、湿度、噪声和有害气体浓度等指标进行实时监控并储存动态监控记录，可以对监测参数超标的现象发出报警信息。

③ 电子助教系统。电子助教系统由 LED 显示屏和多媒体教学系统组成。通过实验室内的局域网络，使每个实验台上的 LED 液晶显示屏与多媒体教学系统联网。教师可以把教学过程中的各种信息直接传递到每个实验台上，以提醒上实验课的同学按照要求进行操作。电子助教系统具有学生实验分组、实验内容及注意事项传输、演示实验和实验互动等功能。

④ 局域网络系统。局域网络系统实现了实验中心各实验室、办公室之间进行信息的快速传递，包括局域网络通信系统和显微互动系统。

•局域网络通信系统。局域网络通信系统即硕思即时通，是一种方便、实用、高效的即时通信工具。充分利用互联网即时交流的特点，来实现实验室内部人员之间快速直接的交流。通过硕思即时通可以在实验中心内部成员之间传输文件、发布信息和通知，保证了实验中心内部的信息与文件及时、准确传递。

•显微互动系统。显微互动系统是由包括显微镜系统、计算机软件系统、图像处理系统以及语音问答系统四部分组成的实验室内部局域网络系统，该系统从图像采集到传输处理，都体现了数字化，做到音、视频信号同步传输，具有数字图像网络功能和多向语音交流功能。实现老师与学生之间，语音、图像的全方位实时互动。系统中的显微镜装有摄像装置，每台显微镜的观测画面都可以通过网络传输到老师的电脑中并投影到大屏幕上。教师通过电脑或大屏幕就可以查看全班学生的显微镜画面，使教学更直观、更方便。教师更容易发现学生在实验中存在的问题并及时指导学生改正。学生也可以随时通过语音、图像等方式与老师进行交流，并可与小组内的同学进行讨论而不影响其他成员。使得师生间的交流更加直观、有效，改变了传统实验教学中师生之间缺乏沟通和任课教师工作强度大、效率低的局面，突破了以往限制教学质量提高的瓶颈。

⑤ 智能门锁系统。智能门锁系统通过计算机和无线网络管理实验中心所有房间的门锁。门锁系统的房间卡分为总控级、层控级和房间级。不同级别的卡可开不同范

围的门锁，做到权限分明，便于管理和使用。门锁系统具有控制、记录进出人员和考勤等功能。当需要时可以随时在系统中查询各个房间的开锁动态和各房间卡的使用记录。如果规定每天上班时都在门锁上刷一下卡就可以根据记录对工作人员进行考勤。

⑥ 实验教学互动监控系统。实验室监控系统是集安全监控、多点教学、实时指导、远程监控等功能于一体的现代化监控系统。在实验操作室内设有监测点，安装摄像头，每个实验室安装 1 或 2 个摄像头，保证监控无盲区。每个监测点均安装摄像和声音的输出与输入装置，可以实现图像与声音的同步传输。该系统采用现代化的电子监控设备，摄像头可以感受声音和光线变化实现自动记录。通过监控系统可以实现对学生实验习惯、实验操作和考试纪律等多个评价指标进行评价和监控管理，数据可以保存一个月。

• 实验教学监控。实验教学监控功能可以实现对上课的实验室进行全程、实时监控。教师通过监控终端掌握实验课的进行情况。当发现学生实验操作过程时遇到问题或操作不符合要求时，可以通过麦克与他们进行互动交流和实时指导。实验教师通过对学生实验情况的实时监控或者通过教学录像来评价学生的实验习惯、实验操作规范程度和实验结果等指标。实验教学监控系统还可对考试的学生进行监控和录像，节省了监考过程中的人力资源。

• 多点教学。多点教学功能可以满足在多个教室（实验室）中对相同的授课内容实行同步教学。每个教室（实验室）内部都安装监控系统的输出终端（多媒体投影设备）。授课教室中的监测摄像与录音装置通过网络将授课现场的音频和动态画面输入监控系统并通过设在其他教室（实验室）中的输出终端进行声音与画面的投影输出。使学生在授课课堂以外依然可以感受到与课堂相同的听课效果。

• 安全监控。实验中心各实验室及走廊内均设有摄像头对中心实行 24 小时全程监控。监控摄像头可以感受声音和光线的变化并自动录像，录像记录可以在系统中保存一个月。当发现问题时可以随时调阅监控录像，对出现的问题进行查询、分析。这套监控系统设有两套监控终端，分别设在现代化信息管理室和值班室，值班人员可以在监控终端上对各监控点的实时监控画面进行任意切换，进行实时观察，查找安全隐患。

• 远程管理。实验教学监控系统与网络连接，通过网络可以异地实现对实验室的运行状况进行实时监控。

（4）日常管理

日常管理指在实验教学和实验室建设、运行过程中的管理，通过对仪器设备、实验材料、实验人员、图书档案、安全环境的规范化和信息化的管理，实现管理的秩序化、科学化，提高了实践教学的管理水平和工作效率，保证了实践教学改革方案的实施。

① 仪器设备管理。高校实验室仪器设备的管理，是一项具体、细致而又复杂的

系统工程，是管理工作的一个重要组成部分，是保证教学、科研工作顺利进行的主要物资条件，对实验教学的工作效果有很大的影响，如何让仪器设备在实验教学工作中充分发挥作用、提高效益，抓好仪器设备的管理是关键。为了加强仪器设备的管理并提高其利用率和完好率，防止积压浪费、损坏丢失，更好地为教学、科研服务，根据教育部《高等学校仪器设备管理办法》的有关规定，结合实验中心实际情况，制订了可操作性强的《仪器设备和器材管理细则》、《贵重精密仪器设备管理办法》、《仪器设备器材损坏丢失赔偿办法》、《仪器设备采购流程》、《仪器设备维修流程》、《仪器报废程序》、《公用储藏设备管理办法》等。从仪器设备使用预约程序、仪器使用培训、仪器操作规程、仪器使用记录、贵重仪器设备使用记录、仪器条码管理、仪器调动登记簿、仪器预约申请表、仪器借用审批表等多方面加强仪器设备的日常管理，使仪器设备管理更加制度化、规范化、科学化。

② 实验材料管理。实验材料是高等学校开展实验教学、科学研究和科技开发必备的物质条件之一，是高等学校对具有实践能力和创新能力人才培养必备的物质保障。因此，实验材料供应与管理也成为高等学校实验室管理工作的重点之一，其管理水平的高低会直接影响到高校的教学、科研、科技开发和生产。随着我国高等教育事业的发展，各高校在财力非常紧张的情况下，都优先保证实验教学需要的实验材料经费，使得各教学实验室的实验材料种类、数量不断增加。如何使实验教学的实验材料管理规范化和科学化，使其真正在人才培养中发挥最大功效，成了各高校教学实验室面临的重要问题。对此，我们本着教育师生树立节约意识、资源共享、人人参与管理的原则，对实验材料采取统一采购、统一使用、统一管理的办法，避免实验材料重复购置、积压和浪费，并制定了实验材料与低值易耗品管理办法、实验材料采购流程、实验材料和低值易耗品日常管理、玻璃器皿使用管理及丢失损坏赔偿规定、实验动物管理规定、实验动物使用细则、实验动物饲养室日常管理、微生物菌种（细胞）管理规定等 8 项管理细则。并通过 LIMS 实现对实验材料采购、使用、结余统计分析的实时管理。

③ 档案管理。实践教学档案是实验室在实践教学过程中形成和逐渐积累起来的历史资料，真实记录了实验室在实践教学改革过程所取得的成果与经验教训，对实践教学管理的规范化、系统化和科学化具有十分重要的意义。针对档案室的环境、人员、档案分类等制定了档案室管理方法，档案室的归档范围、档案管理人员的主要职责、档案的分类与管理目录、实践教学有关文件存档、档案借阅等均全面作了详细的管理规定。并建立了档案管理数据库，随时可以查阅各种信息。

④ 图书资料室管理。图书资料是实验室资料档案的重要组成部分。它包含了与实验室有关的教学、仪器设备、科研方面的图书期刊、杂志等，图书资料在获得后应有专人管理，并建立相应的图书软件管理系统，图书登记后按其分类及编号放入图书柜中，制定相应的图书管理借阅制度。

⑤ 实验室安全与环境的管理。实验室安全与环境建设是实验室建设与管理工作

的重要组成部分。实验室是教学人员、仪器设备、实验材料、技术资料档案集中的地方，做好实验室安全与环境建设工作，是实验室人身、财产、物质安全、实验教学、科研工作顺利进行的重要保证。实验室安全与实验室环境两者之间的关系密不可分。

实验室安全与环境保护要坚持"以人为本、预防在先"的安全管理理念，加强对新教师、新学生及新实验室投入运行前和新实验项目开始前的安全教育。制订以实验室安全运行为目标的实验室安全与环境保护的管理标准，并在管理中严格贯彻和执行。实验室布置合理、通道畅通、整洁卫生，安全标志齐全、醒目直观，实验室安全防护设施与报警装置齐备可靠，安全事故抢救设施齐全、性能良好，是实验室安全工作的基础。

为了使学生和教师有一个更好的实验工作环境，实验中心大力加强实验室环境设施建设，同时，制订了包括仪器安全使用操作规程、"三废"处理方法、化学危险品安全管理、有害微生物管理、质粒及细胞管理、安全与卫生管理制度、压力容器安全管理细则、实验室处理应急情况指南、水电气（汽）安全管理、机房与多媒体教室安全管理、日常安全环保管理（实验室安全工作记录、废弃物处理记录、洁净室检测记录）11项有关安全环保的规章制度。

学生进实验室前，必须对学生进行安全教育，并进行考核。实验室主任全面负责实验室安全和卫生管理，各实验室均指定专人负责安全和卫生工作，必须加强四防（防火、防水、防盗、防事故）工作。实验室钥匙的管理由实验室主任审批，钥匙的配制、发放要报实验中心备案，不得私自配制钥匙或给他人使用。严禁在实验室吸烟、进食，不准带与工作无关的外来人员进入实验室、仓库及办公室。加强用电安全管理，不准超负荷用电。贵重仪器设备和有计算机等易被盗的房间尽可能安装防盗系统。开放实验室装有摄像监控系统，以便监督实验室的安全情况。实验室必须根据实际情况配置一定的消防器材和防盗装置。增强环保意识，力争安全环保达标率为100％，以保证实验人员的安全和健康。发生事故后如实上报损失情况，安全事故按国家有关规定处理。

为了加强实验室水、电、气（汽）的管理，合理、安全、节约用好水、电、气（汽），为学校的发展开源节流，增收节支。各部门必须节约用水、电、气（汽），应形成人人自觉节约用水、用电的良好风气。实验室、办公室等场所的照明电器及其他用电设备，不准私拉乱接，如需增加电器设备，须学校批准，并由学校指派电工安装。要经常检查电线、开关、灯头、插头和一切电器用具是否完整，有无漏电、潮湿、霉烂等情况。如有损坏应马上修理。每年雨季之前，要全面检查一次。电炉、烘箱（尤其是高温烘箱）在工作状态下不准离人。学校指派专人负责水、电、气（汽）管理，加强宣传教育，养成随手关灯、关水习惯。值班人员应加强对水、电、气（汽）管理使用情况的检查，如发现违反本制度，视情节轻重给予批评教育，纪律处分。

为了加强实验室的安全环境工作，我们除了采取以上措施外，还加强了提醒标识建设，在走廊两侧人员出入集中处设有"实验区内严禁吸烟"、"安全环保温馨提示"；在实验室内每个有水、有电、有气（汽）的位置，都设有明显提示标识和废弃物处理标识等。

5.4　开放运行机制的建立

为了加强学生实践能力和创新能力的培养，给学生创造个性发展的环境空间，各高校实验室采取了很多措施，其中加强实验室的开放共享是重要举措之一。但如何实现实验室的安全有效的开放运行，仍是摆在各高校面前的重要课题。为此，我们在开放运行模式、开放管理等方面进行了探索，取得了较好的教学效果。

5.4.1　开放运行模式

开放式实践教学是指在构成实验教学的内容、时间、空间、资源和管理等方面的全方位开放，形成一种开放、自主、多元的全新动态的实验教学模式。以培养学生实验技能、动手能力和创新思维能力，实验室对学生全面开放，让学生进行综合性、设计性或研究性实验，从而达到培养学生综合素质和创新能力，达到提高实验教学质量的目的。实验中心着重改善生物类、相关生物学类和非生物类本科基础实验教学条件，训练学生的动手能力，培养学生创造能力、科学思维能力和综合分析能力，为学生创造个性发挥的空间环境，并提高实验室和仪器设备的利用率，充分发挥实验中心的效能，达到提高学生整体素质、培养 21 世纪需要的生物学创新型人才的目的。开放式的教学模式，对于提高学生勇于创新的积极性，激发创新实验兴趣，培养学生的创新意识、创新精神和科学思维，以及发展学生个性和调动学生主观能动性，锻炼学生合作精神和攻坚毅力都具有重要作用。几年来，我们通过构建生命科学本科创新性实验教学内容体系，探索适合高素质创新型人才培养的开放式实验教学与管理模式，建立起开放式创新性实验教学的质量保证体系，保证了学生创新意识、创新精神、创新能力、科学思维和实事求是科学态度的培养，学生的实践能力和创新能力明显提高。

（1）创造有利于激发学生创新实践兴趣的开放人文环境

实验室的角色，不仅仅是单一的教学、科研功能，而且应该是具有广泛育人内涵的复合性功能，这种内涵功能应该延伸到建立一种实践教学特有的育人文化氛围与环境。使学生不仅仅只是在实验室完成科技活动，单纯提升自己的知识与技能，而是让他们在实践教学中还要感受到一种催人向上、奋发努力的力量和精神，并产生对科学技术与知识的强烈渴望，对实现人生价值与目标不懈努力的欲望，对形成个人良好人格、品质、素养的主动追求。重点采取：第一，鼓励与支持从事创新实验指导和管理的教师开展科研工作，使教师潜心于学术研究，将世俗名利置之度外。用这种高尚的品德影响、熏陶学生，使学生逐步形成或强化这种品德。同时，鼓励学生参加科学研究，使他们近距离与教师交流，了解科技发展新动态，有利于提高学生的认知能力和水平。第二，鼓励与支持学生积极参加科技创新活动，让学生在这样一个环境里充分发挥和展示自己的想象力和创造力，感受到创造的乐趣，领悟到人生的价值，塑造自己追求科学而不懈努力、坚韧不拔的毅力和品质。第三，创造学术环境氛围，经常组织大学生聆听科学大师们的学术报告、实验技术和学术交流；在走廊、楼梯墙上悬挂科学家图片，让学生目睹科学先驱们为了人类的发展和社会的进步呕心沥血、勇攀高峰的身影，激发他们崇敬先辈、热爱科学、追求真理的远大理想，并落实到具体的学习生活中。

（2）制订开放创新实验工作流程

从布置选题、确定指导教师、文献检索、填申请表、指导教师审阅、课题论证、指导教师审核、主任审批、领取实验用品、签订安全协议，到安排工作实验室、实验实施、中期汇报、物品归还、撰写论文、文件归档、成绩评定、奖学金发放与经验交流等工作过程，均标明相关负责人及办公地点和联系方式，并挂在创新实验网站上，方便学生在实验的各个环节与相关老师联系，保证创新实验的顺利开展。

（3）开放对象

在完成本院教学和实验任务的同时，对校内外开放，吸引校内外学生和教师到实验室工作。开放对象包括：校内外相关专业教师和学生、高校师资培养培训和高新技术企业科研、技术人员培训等等。

（4）开放形式

实验教学的开放，首先是理念、空间和时间等教学环境的开放。几年来，我们采取在时间上、实验室、仪器设备、网络文献数据库、网络资源和课件等实验资源免费向学生开放。

① 实验教学时间的开放。时间开放一方面是指学生到实验室进行实验时间的自由度；另一方面是指实验时间不受计划学时的限制，根据教学需要而定。本中心专设7间实验室和相关仪器室实行24小时全方位开放，其他实验室根据需要开放。

② 实验教学内容的开放。实验教学已不仅仅是实验现象的验证和演示，而是通过有利于学生自主学习、研究学习的开放内容体系的实施，使学生在掌握实验技术和方法基础上加强能力培养、创新思维的启发与引导。我们为学生开放的内容包括：本科生基本技术训练、选修实验、设计实验和研究创新实验；吉林大学大学生创新实验计划项目；国家大学生"创新性实验计划"资助项目；本科生参加教师科研项目；面向全校各专业本科生设立的"生命科学创新基金项目"；兄弟院校师资培训；高新企业技术人员专业培训等。

对于综合性大实验采取半开放式教学模式，即根据实验自身的特点和实验进程，有时组织学生集中进行部分实验，有时学生根据自己时间来实验室实验。设计实验和研究创新实验采取全方位的开放形式，即从实验项目的选择、方案的设计、实验的实施等全部根据自己的时间安排进行实验研究。每学期开学前 2～3 周学生根据自己的作息时间，随时到实验室，训练本学期实验涉及的基本技术和仪器操作。对于需时较长的实验，如"果蝇的培养"、"微生物分离纯化"、"基因工程"等，学生可以自己安排时间来实验室做实验，实验室做到全天开放。对于台（件）数较少的大型仪器，学生可预约，随时来实验室使用。

③ 有偿对外开放：利用节假日为兄弟院校培训师资和为高新技术企业培训技术人员。开放机制的建立不仅激发了学生实验兴趣，提高了实验教学质量，同时也对社会科技发展起到了促进作用，效果影响是巨大的。

（5）开放保障

① 条件保障。专设 7 个实验室和相关仪器室及仪器设备实行 24 小时全方位开放，其他实验室根据需要定期开放，为学生创造个性发展和创新能力培养的空间条件。

② 经费保障。每年通过组织学生申请国家创新性实验计划项目、学校创新性实验计划项目、专项实验材料经费、实验室开放创收经费、高新技术企业设立"创新实验"专项奖学金等多方筹措经费 30 万～50 万元，作为实验材料经费的保障。

③ 师资保障。创造有利于教师个人与事业共同发展的环境条件，调动教师参与大学生创新实践教育的积极性。专设一名知识面广、实验技术水平高、经验丰富、爱岗敬业的博士生导师做总指导，负责学生选题、文献检索、中期汇报、论文撰写、总结与交流组织等。配有一名兼职创新实验教学秘书，负责创新性实验的安排、组织、协调与管理。根据学生选题，选派科研方向与之相近的教师作为指导教师，研究生协助指导。

④ 管理保障。为了保障实验室开放运行的顺利实施，我们建立了创新实验项目申请书、创新实验协议书、物品领用登记簿、开放实验统一记录本、开放实验成绩评定办法、开放值班工作要求、开放实验成果管理规定等系列开放管理细则；制定了实验室开放实施程序和工作流程，保证了学生开放实验的顺利进行；24 小时安排教师值班，确保实验室安全；开发了安全和互动的开放监控系统，用于实验室开放的安全监控和开放实验的指导，每个实验室安有智能门锁系统，控制和记录进出实验室人员。

实验室开放极大地提高实验室和设备的利用率，打破实验室封闭现象，充分做到资源共享并能促进仪器的功能开发，提高仪器的应用水平；开放可以给学生的教育带来一种综合的效益，不但可以培养实践能力，而且对培养学生严谨的工作作风起到潜移默化的影响。实验室开放能够给学生提供更多的机会，让他们更多地到实验室里来。在对外开放方面，由于社会各界的加入，使实验室真正成为各种教学思想、学术思想交汇渗透的场所，有助于交叉学科、边缘学科的形式和发展，促进科研水平和教学水平的提高。

5.4.2　开放管理

（1）开放的组织管理

实验室开放实行主任负责制，全面负责、开放人员的申请和审批工作。各开放实验室所属各实验室分设主管人员。各实验室主管人员的职责：负责实验室、仪器和物品等的管理；负责开放人员实验项目审查；负责开放人员实验记录的管理；负责开放实验室的安全、卫生管理；负责安排开放实验室开放过程中值班工作。

（2）开放题目申请的程序

① 进实验室做实验的人员，首先要填好"开放实验申请表"，由实验室主管人员核查后交实验中心主任审批，签署"实验室安全协议"，按规定交实验成本费后（生物类本科生和全校公选课学生除外），方可进入实验室。

② 开放实验题目由各实验室主管人员负责审查并安排进入实验室的具体时间。

③ 进实验室后先由实验室主管人员对其开放人员进行所需仪器设备使用培训和实验室管理、安全教育，发放仪器使用证后方可进行实验。

④ 仪器设备管理按中心相关规定执行。

（3）开放题目和开放人员管理

① 开放题目必须由实验中心审批后备案。

② 开放题目可在实验中心开放指南内选择，也可自行设计，经实验中心组织相关人员论证批准后方可进行。

③ 开放题目的实验记录本由中心统一印制，实验后交实验中心存档。

④ 开放人员及开放题目实行计算机管理。

⑤ 开放人员要严格遵守实验中心的各项规章制度。

（4）检查及考核

① 每位开放人员实验结束后，实验中心均要组织一次实验总结报告，交流工作和学习体会。

② 开放人员离开实验室前，要把所有仪器、物品等恢复原状并填写好仪器使用情况和物品消耗情况清单，交实验记录和实验总结报告存档，由实验室主管人员检查后方可离开实验室。

③ 需要成绩考核人员，要认真写出实验报告，指导实验教师根据实验完成的具体情况给出相应的学分和成绩。

（5）开放的信息化管理

建立了智能门锁系统，控制和记录进出人员；建立了网上互动系统，开发了创新实验工作网站，可进行创新实验安排、创新项目申请、表格下载、实验查询、方案设计、仪器预约、论文提交、创新交流、效果反馈、网上答疑等；开发了安全监控及互动系统，用于实验室开放安全监控、值班老师与学生互动；开发了 LIMS 管理系统，可进行创新教育安排、实验准备和实验运行情况监控、开放人员信息、创新实验成绩汇总和统计分析、工作量统计、仪器设备和实验材料及药品的申请、采购与结余统计、实验成本核算等。从而实现了对创新实验教学全过程的实时监控管理。

第六章

实践教学师资队伍的建设

实践教学是高等院校教学工作、科研工作和人才培养的重要环节，也是学校教学水平、科研水平和管理水平的重要标志。实践教学的师资队伍，是人才培养方案的设计者、组织者和实施者，从某种意义上说，实践教学与管理队伍的建设与培训直接影响人才培养质量。实践教师作为学校教师队伍的一部分，直接为教学服务，他们同样肩负着教育改革和发展的重任。实践教师利用现代化教学设备创造教学情境，调动学生的学习热情，启迪学生的潜在智能，激发学生的学习兴趣，有效的培养学生分析问题和解决问题的能力以及动手操作能力和创新能力，从而使学校达到了全面贯彻教育方针、全面提高实践教学质量的目的。由此看来，实践教师不仅要具备教师应具备的良好业务素质，而且还要掌握实验、实训教学装备方面的基本理论和基本技能，掌握现代教育信息技术。实践教师的这种专业特征，正是实施素质教育所要求的。因此要从深化教育改革，促进学生个性发展和实施"科教兴国"战略的高度，认识实践教师队伍建设的重要性，增强培养和建设好这支队伍的责任感和使命感。

6.1 实践教师队伍建设存在的主要问题

在我国高等教育史上有着重理论轻实验教学的传统观念，这一直影响和左右着实践教学队伍的建设。近年来，按照教育部的工作部署，各高校对实践教学工作的认识已有了很大程度的改变，但在很多院校其重视程度仍未提高到应有的地位，在队伍建设的应对策略上，对教师队伍、科研队伍的研究比较多，而对实践教学队伍建设加以研究相对就较少。以往，实验教学一直依附于理论教学，仅作为理论课程教学的验证，实验室的建设和管理也大多附属于教研室或课题组。实践教师被看作是辅助教学、服务于教学的第二线人员。在相当长一段时间里，相当多的高校也没有相应的校级职能管理部门，在实践教师队伍建设上缺乏总体规划和统筹安排，特别是实践教学创新团队建设问题更是没有得到应有的重视。

实践教师数量不足，尤其是高水平教师参加实践教学少、积极性不高是各高校实践教学面临的主要问题。受传统教育模式的影响，我国高校实践教师数量原本就不足，扩招以后，随着学生和课程的增多，实践教师更是难以满足教学需要，加上结构不合理，老年教师和青年教师居多，高级职称教师真正参与实验教学的少，专职实验教师多，但科研经验缺乏，水平不高更是我国高校实践教师的"硬伤"。特别是一些院校实训基地富有经验的教师更少，实践教学的相关政策落实不到位，实践教学建设资金投入不足，实践教学环境差、实践教师待遇相对偏低等诸多因素也进一步导致实践教师工作积极性不高。

实践教师整体素质亟待提高。实践教师的整体素质是通过可具体量化的能直接显示实践教师队伍质量、能力和学术水平的显性要素（如教师的年龄、学历、职称、专业、学缘等），以及难以具体量化的，能直接影响实践教师队伍整体效能及稳定状况的隐性要素（如教师的思想品德、知识结构、心理素质、性格与气质、合作精神等）构成的。也就是说实践教师队伍的素质是多方面的、全方位的，导致其存在的问题也是多方面的。

当今社会要求高校实践教师要具有合理的知识结构，要具有实验教学、实训教学与科研的创新能力，理论联系实际和将知识转化成生产力服务于社会的能力等。目前有些高校实践教师的知识结构和能力结构还远不能满足这些要求。过去高校对实践教师的学历、职称没有严格的要求，实践教师继续学习深造的机会也较少，高学历、高职称、有能力的教师不愿到实践教学工作岗位上来，而从事实践教学的多数是一些学历、职称偏低的老教师，部分教师知识结构单一，知识陈旧，知识面偏窄，甚至对一些较为先进的现代化教学媒体了解和掌握甚少，科学研究能力不足。缺乏创新精神和创造能力，实验教学上验证性实验多，创新设计性实验少。一些单位更放松了能直接影响实践教师队伍的整体效能及稳定状况的隐性要素建设（如师德建设、知识结构、心理素质、合作精神等），这也影响实践教学水平的提高。

6.2 实践教师队伍的建设思路

选拔具有较高的政治觉悟、业务素质、事业心和责任感，具有较强的组织协调能力，丰富的实验室建设和管理经验的教师作为带头人，通过建立有效的聘任机制，以科研、教研带动实践教学建设，进一步加强师德建设，营造"舒心、舒畅、和谐、发展"的人文环境，逐步建立起一支教育与管理理念先进，理论教学、实验教学和科学研究互通，核心骨干相对稳定，结构合理，爱岗敬业，团结协作，勇于创新的实践教学团队。

6.3 实践教师队伍的建设

培养具有创新精神和实践能力的人才是大学的首要任务。要提高学生实验素养和实践技能，必须依靠高水平的、实践经验丰富的教师言传身教。要培养学生的创新精神，首先教师自己要有创新精神，在实验内容、实验方法、实验流程和实验手段等方面有所革新。因此大学的可持续发展离不开高水平的实践师资队伍，更离不开实践教学创新团队建设。因此要将实践师资队伍的建设与培养具有创新精神和实践能力的高素质人才的目标要求相结合，与大学管理创新和知识创新相结合，与大学的办学目标和定位相结合，这样才能保证高质量实践师资队伍的建设和实践师资队伍的可持续发展。同时高水平的实践师资队伍建设目标的实现也依赖于实践师资队伍的建设观念和管理模式的转变，依赖于相应的机制体系和良好的综合环境。依赖于相关教学改革研究项目的研究成果，更依赖于实验教学的实践应用，不断提高完善。

6.3.1　转变教育思想，重视实践教师队伍建设

伴随着我国经济体制改革和高等教育改革的深入发展，教育观念的更新显得更加重要。要办成一流的大学就要有一流的教学环境，要想培养出适应时代要求、有素质、有实践能力的创新人才就必须重视和加强实践环节，特别是加强实践教师队伍的建设。要像重视普通教师队伍建设那样重视实践教师队伍的建设，把实践教师队伍的地位提高到应有的位置。积极采取措施引进、吸收一些高水平高素质人才到实验室工作，以传、帮、带提升整个实践队伍的能力。最大程度地激活、开发人力资源，其功效远比其他资源带来的效益更大。尽快培养出一批具有高素质的复合型人才的实践队伍，参加到教学和科研实践当中，提高实践教学水平。经过几年的改革实践，吉林大学生物实验教学中心已初步建立了一支结构合理、队伍稳定、爱岗敬业、团结协作、勇于创新的实践教学团队。

6.3.2　选好实践教学师资队伍建设的领头人

实验中心主任作为实践教学和实验室建设的核心、组织者和带头人，直接影响实践教学与管理队伍的建设水平。实验室主任在实践教师心目中，必须具备权威，权威来自实验室主任自身的德才兼备。"德"即人格魅力，必须以身作则、吃苦在先、乐于奉献、热情诚恳、仁义诚信、尊重自己和他人、和同志打成一片。"才"即创新能力，在实际工作中调查、总结和分析问题，针对问题开展学术和教学研究，提出科学合理的整改措施，针对学科和社会对人才需求的实际形势，开展实践教学、教改、教研，组织修订实验教学大纲、新编实验指导教材、研究新的实践教学方法和手段等，实现实践教学水平和质量的显著提高。实验教学师资队伍的领导核心也要实行人才流动、竞争上岗、定期考核的聘任制度，使其真正成为建设一流实验室、实行实体化运行、培养具有国际竞争能力人才的领导集体。

6.3.3　以师德建设为基石，加强实践教学师资队伍的建设

师德不但是教师个人思想道德品质的反映，而且反映一个学校的校风、教风和学

风，对学校、学生都将产生非常深远的影响。只有教师用自己广博的知识、娴熟的技术、严谨求实的作风感染和熏陶学生，用自己吃苦耐劳的敬业精神、团结协作的团队意识、洒脱大度的人格魅力、与时俱进的创新精神潜移默化影响学生，才能培养出高素质的优秀人才。为此，我们从细微处入手，把师德建设贯穿在实验教学的全过程。实验前，认真备课、做好预实验，认真讲授实验理论和相关知识。实验中，必须佩戴名签，检查学生预习情况，细心指导并认真回答学生提出的问题，耐心帮助学生解决实验中遇到的各种困难，教育学生养成良好的实验习惯，使教师的敬业精神和学生的创新精神形成良性互动。实验后，及时组织学生进行总结讨论，认真批改并及时返还实验报告，准确、科学地评定实验成绩。教师们的敬业精神和职业道德，深深地感染学生。一位学生在反馈调查中这样说："一次次实验的完成犹如一次次探险。过程中会出现许多意想不到的困难，一次又一次的失败，有时候真的会使自己打退堂鼓，但是一想到是许多老师付出了辛勤的汗水才使我有了一次次可以自我锻炼的机会，就又充满了信心。"

6.3.4 以科学的聘任机制为途径，有效地建设实践教学师资队伍

实践教师包括实验、实训教师、助教研究生、实验技术人员等。实践教师是向学生传授知识、培养能力和提高素质的载体，实践教学质量的提高离不开高水平的实践教师。但怎样吸引高水平教师从事实践教学和如何调动实践教师主动性、积极性，是高校多年来的老大难问题。对此，吉林大学生命科学学院规定每位教师既要搞科研，还要承担理论教学和实践教学任务，特别是副教授以上教师要为本科生上实践课。为了有助于教师处理好教学与科研的关系，实验教学实行了实验教师按实验项目聘任，即教师同实验课建设负责人沟通，结合自己的科研方向，在实验教学大纲内，选择1或2个实验项目，选配优秀的研究生作助教，用3～4周的时间即可完成。这样减轻了教师的实验教学工作量，使他们有精力充分准备和设计实验。同时，教师把学科前沿知识和科研理念贯穿在实践教学里，把自己的科研成果引入到实践教学中，使教学与科研很好地结合。高水平的学术带头人亲自指导本科生实验，成为实验教学和实验室建设与发展强有力的支撑，保证了实验教学良性循环和可持续发展。

为了能够满足不断增加的实践教学的需要，我们把研究生作为实践师资队伍的后备军。积极为他们提供实践教学平台，要求研究生作为助教参加实践教学工作。研究生参加实践教学活动对于其动手能力、组织管理能力、语言表达能力和综合运用知识能力均是一次全面锻炼的机会，能够使他们必备的素质得到锻炼，综合素质得到提高，对以后从事教学、科研和技术产业工作都有很大的帮助。同时我们也制定了研究生助教的相关管理制度，保障和促进实践教学师资队伍建设。

近几年来，各高校加大了实验室经费的投资力度，实验设备的更新率和配套率有了较大的提高，为实验室的发展提供了有力的保证。相比之下，各高校对实验技术队伍在实验室建设中的地位和作用认识仍然不足，队伍建设进展缓慢。实验技术队伍无

论在数量还是在质量上远远满足不了实验技术改革和发展的需要。先进的仪器设备需要人来掌握，综合性、设计性、创新性的高新实验项目需要实验技术人员来配合开拓。实验技术人员不是一般的"教辅人员"，而是具有某种技术的专业人才，他们既要有较强的业务知识，又要有管理实验室的能力。因此实验技术队伍建设必须要以人为本，实验室诸项建设中实验技术队伍的建设尤为关键，必须尽快把它提到日程上来。

实践证明，实验技术队伍是顺利完成实践教学任务、改造实验技术和管理实践教学的中坚力量。但如何调动实验技术人员的积极性，充分发挥他们的才智，是实验技术队伍建设的关键问题。1999 年，我们建立了固定与流动相结合、竞争上岗的实验技术人员聘用制度，第一次优选聘任了部分实验技术人员，利用实验室开放创收经费，又返聘了 3 名退休的教师和公开招聘 6 名本科毕业生充实到实验技术管理工作中，实行合同制。同时，在实验技术人员的队伍建设中，注重人尽其才，人尽其用，充分调动了他们工作的积极性。几年来，他们开发出人性化的实验台、梯度洗脱系统、实验互动显示屏、多功能提取系统、LIMS 等多项实验教学和实验室管理装置，建立了规范的档案管理系统，编写了《生物学常用仪器使用技术》教材等，在实验教学和管理中发挥了重要作用。这种聘任机制，也为实验技术队伍建设开辟了一个新的思路。

6.3.5 以高水平的教学科研，推动实践教学师资队伍建设

教师不仅要搞实践教学，还要搞科学研究和教学改革研究。教师只有在知识上有所创新，培养的学生才能走创新之路。实践教师的科研成果达到国内领先水平和国际先进水平，才能进一步促进和提高实践教学水平。我们也鼓励实践教师积极参与教改项目和教材编写工作，鼓励教师将研究成果与实践教学有机结合，推动实践教学改革，提高实践教学质量，目前我们已有 8 项教学研究成果和 20 项科研成果应用到实践教学中，同时结合教师科研方向，已指导设计创新实验 227 项，促进了实践教学水平的整体提高。

6.3.6 以相应的政策措施，保障实践教学师资队伍建设

制定相关政策，稳定实践教学师资队伍，充分调动实践教学师资队伍的积极性。

① 职称、津贴的评定向实践教师倾斜。针对实践教学和实验室管理工作任务繁重、事情繁琐、占用教师时间长的情况，在职称评定和津贴发放中，提高评定比例，待遇同等条件与教师系列相同。对于实验技术人员，根据他们在实验教学、实验室管理和仪器设备开发等方面所做出的贡献和取得的成果为主要评定指标。使职称评定和津贴发放起到实践教学工作的导向作用。

② 为了吸引高水平教师从事实验教学工作，在工作量计算中适当增加计算系数。我们采取教授指导本科生实验的工作量按 1.2 倍计算，为学生开设新实验和设计创新

实验工作量按 1.2 倍计算，精品课工作量按 1.2 倍计算。

　　③ 鼓励与支持教师从事实践教学改革研究。我们为准备开设新实验和改造原有实践内容的教师，提供相应的实验改革研究经费，对教学成果与科研成果等同对待。

6.3.7　建立双导师制，补充实践师资队伍

　　加强实验教学实践环节建设，在培养、培训、交流的基础上，与外校同行专家、企业专家合作，采用兼职和聘用相结合的方式，充分利用他们的专业知识和实践经验，联合共同指导实践教学。特别是承担实训和实习实践教学。这样不仅可以取长补短、相辅相成，对完成高水平、高质量的实验教学起到了保障作用，而且也补充了实践教师，缓解了人员的缺乏状况。

6.3.8　掌握现代教育技术，提高实践师资队伍整体水平

　　伴随着科学技术的迅猛发展，现代教育技术在我国得到迅速发展。高校实践师资队伍建设要与高等教育事业的发展和师资建设发展目标相适应，就必须提高师资队伍的整体素质，而掌握现代教育技术已成为新时代实践教师应具有的素质之一。

　　在信息社会中，由于知识更新的速度越来越快，传统媒体的知识传播速度已远跟不上知识的更新速度，因此，不能应用现代信息技术，就意味着自己无法跟上学科发展的进程，在激烈的竞争中就会落伍而遭淘汰；同时随着现代信息技术的发展，学生拥有了多种获得信息和知识的渠道，教师不再是学生获得知识的唯一信息源，其权威地位被逐渐打破，如何适应新的教学要求，为学生提供必要的全新的咨询和帮助，掌握现代教育技术是唯一的途径。

　　本中心建立以来，非常重视运用现代教育技术促进师资队伍建设。我们不仅利用信息网络建立了中心资料管理数据库，而且利用校园网络平台建立了中心局域网，搜集各类信息；在教学上，引进 50 部多媒体课件，利用多媒体课件、网络课程进行实验辅助教学，使实验教学更形象、生动、具体，贴近科技前沿。

　　目前实验中心的所有实践教师和管理人员都能掌握计算机管理过程中的相关软件，不仅使人力资源、学科建设、管理、师资建设等信息资源系统化，而且紧跟国内外信息前沿，使每一个实践教师和管理者都成为资源数据库的建设者，从而使实践教师的师资队伍建设沿着良性循环的轨迹有效运行。

6.3.9　营造个人和事业共同发展的人文环境，调动实践教师积极性

　　一个人只有在能够使他心情愉快、有利于特长发挥和价值体现的地方工作，才能将自己的情感和智慧与他所从事的事业相结合，工作热情和创造力才能被激发，工作效率和工作质量才能不断提高。实验教学的改革，新机制的确立，关键是"人"的作用，只有"以人为本，情感为源、人心为根"，营造"舒心、舒畅、和谐、发展"的人文环境，让每一位员工都心情愉悦地努力工作，才能实现实践教学创新团队建设的

目标，才能保证实践教学质量的不断提高。

总之，实践教师队伍的建设更需要各级领导部门高度重视和大力支持，需要教师自身不断更新教育理念、提高业务素质、加强个人职业道德修养，才能从容应对人才培养中可能出现的各种挑战。

6.4 实践教师队伍的培养培训

21世纪是知识经济和科技信息高速发展的时代，国家综合实力越来越取决于劳动者素质，取决于各类人才，特别是各类高层次专门人才的质量和数量。为了适应社会经济、文化教育建设的需要，各高校都大幅度扩大招生，增添了不少社会需求的新专业，同时也对各高校的实验师资队伍建设和培养提出了更高的要求。当前社会和经济变革日新月异，教育的对象和内容都处于动态变化之中，实践教师不能固守在不变的教育模式和原有的知识水平之上，现代意义的高等教育，不是简单机械的知识输出过程的无限重复，而是不断创新、因材施教、培养个性、提倡素质、逐步提高的动态模式。实践教师完善的知识结构和教育教学能力，要通过实践、学习、再实践、再学习来不断提高，以适应现代社会发展对高层次教育的需要。教育现代化的直接体现就是教学方法的改革和教学手段的现代化。在实践教学上，不少高校教学手段和方法还是比较落后，仍是以传统的旧观念、旧方法在进行着验证性教学，这固然与经费短缺、现代化教学仪器设备缺乏有关，但其根本原因在于教师教育观念的落后和运用现代化教学手段素质与能力的缺乏。因此，无论是主观还是客观都必须加强高校教师的继续教育，并注意从长计议，将学历层次的进修培训和实际教育教学能力提高统一起来，促进实践教师在教育教学实践中实现由教育者向同时又是终身受教育者的转变。

随着高等教育规模的扩大和高等教育大众化的到来，一方面在师资上引进一些高水平的实践教师，带动整个实践教学水平的提高；另一方面在实践教师培训方面，坚持在职培养为主、省内培养为主、国内培养为主的原则，坚持重点培养与普遍提高相结合的原则，根据不同对象，确定不同的培养重点和方向，实行多途径培养。充分发挥老实践教师的作用，一方面使他们更新知识，另一方面发挥他们在教学、科研和培养青年教师中的指导作用，通过培养青年实践教师，指导研究生和优培生，不断更新他们的知识，努力为他们创造条件，积极争取科研课题，创造良好的科研环境，使他们多出成果，提高他们的知名度，扩大学校在社会上的影响。进一步发挥中年实践教师承上启下的骨干作用，中年教师一直在实践教学科研第一线，是教师队伍的中坚力量，对他们进行培训时，同样要重视他们的知识更新，以在职培训提高为主，积极鼓励和支持他们在职读研究生，鼓励他们参加了解本学科前沿动态，更新实践教学内容和改进实践教学方法的专题研讨。鼓励并支持实践教师承担教改项目，培养实践教师教育科研水平，调动实践教师参加教学改革的积极性。

在实践教师培养培训上，我们要求对首次上岗的实验教师或新开设的实验项目必须亲自试讲、试做，并由经验丰富的实践教师和技术人员进行考评与指导，发挥传帮带的作用。在每学期开课前和结课后，都组织实践教师进行总结讨论，将自己的教学方法和教学艺术传授给青年教师，帮助青年教师提高自身的教学水平和综合素质。从2000年开始，我们每年都根据实验教学的情况，制订相应的培训计划，包括实践教师岗前培训，实验技术交流，实验教师的专业培训，仪器设备培训，实验技术人员的专业培训等，培训人数每年都在增加，培训效果显著。

要培养具有国际竞争力的人才，必须加强同国内外高校的交流与合作，借鉴国内外先进的教育和管理理念，不断提高教师的业务素质。目前我们已经与国内外20多所著名高校建立了交流合作关系，已经有多人次参加国内外的各种实验技术和学术交流。实验中心还鼓励青年教师在职攻读博士学位，已有10名实践教师攻读博士学位，7名实验技术人员攻读硕士学位，1名实验技术人员攻读博士学位；通过各种培养培训，拓宽了实践教师的知识面，提升了教育理念，提高了学术水平、技术水平、教学水平和管理水平。

我们深深体会到，提高实践教师的自身素质，不仅能增强工作的自信心和责任心，而且还能增强对实践教学工作在高校建设中的地位和重要性的正确认识，有利于增强队伍的凝聚力，有利于搞好实践教学师资队伍建设。高校师资培训工作也是一项急迫而长期的战略任务。各级教育部门、各类高校领导都把它当成分内大事，尽心尽力，尽职尽责去开拓和完善。努力在十年内建立一整套的科学培训系统和合理的政策体系，以适应科技、经济发展对教育事业提出的时代要求。

6.5　师资队伍建设效果

吉林大学生物实践教学创新团队，秉承"加强基础、拓宽知识、培养能力、激励个性"的人才培养思想，坚持以学生为本，把传授知识、培养能力和提高素质贯穿于实验教学始终的教育理念，紧紧围绕提高教学质量和创新型人才的培养，落实科学发展观，在教学体系、教学方法、队伍建设、管理模式、运行机制和环境设施建设等方面进行系统的改革与创新，取得了显著的教学效果和教学成果。

团队现有实践教学人员46人，其中，教师33人（教授13人，其中，博士生导师11人，副教授9人，讲师9人，助教2人；45岁以下25人，均具有或在读博士学位），实验技术人员13人（研究员2人，高级工程师3人，工程师5人，助工1人，技术员2人；其中，博士1人，硕士7人，学士5人）。经过几年的团队建设，已初步建立起一支教育与管理理念先进，理论教学、实践教学和科学研究互通，核心骨干相对稳定，结构合理，团结协作，爱岗敬业，勇于创新的实践教学团队。

该实验教学团队在国内率先整合了原有相互独立的9门生物学基础实验课程内容，构建了"六个四"的创新实验教学体系，避免了内容的重复，节省了学时；建立了实验室24小时开放运行机制和创新实验开放模式；探索出了符合学生认知规律的实验教学方法；开发和应用了 LIMS，创建了 "精"、"细"、"实" 与现代化手段相结合的管理模式，实现了对实践教学全过程的实时管理。

五年来，团队的成员先后获得全国高校教学名师奖、全国模范教师、宝钢优秀教师奖、吉林省教学名师奖、吉林省师德先进个人、全国三八红旗手、吉林大学师德标兵、吉林大学青年教师教学大赛奖、吉林大学本科生研究机会计划指导奖、吉林大学学生科技创新园丁奖等多项殊荣。

团队被多次评为吉林省教育系统先进集体、长春市科技创新先进单位、吉林大学学生科技创新组织工作标兵单位。

第七章

实践教学质量评价体系的构建

高等学校教育的教学质量不仅为政府和社会各界所关注，也是学校生存和发展的基础，教学质量就是学校的生命线。实践教学作为学校教学工作的重要组成部分，相对于理论教学更具有直观性、综合性、实践性，在强化学生的素质教育和培养创新能力方面有着重要的、不可替代的作用。实践教学环节的质量是教学质量的一个重要组成部分，越来越引起人们的关注。长期以来一直存在重视理论教学质量而忽视实践教学环节质量的现象，对于实践教学质量的评价更被误认为是无足轻重，可有可无的事情。近年来国家教育部门对实践教学质量非常重视，其在国家教育质量工程中占有很大比例，许多高校对于如何提高实践教学质量进行了大量的探索、改革和尝试，但成效如何还需要进一步的评价。因此，构建一个科学的、客观的、可行的实践教学质量评价体系便成为实践教学改革取得成功的重要步骤。

7.1 实践教学质量评价体系存在的问题

在各高校尤其是理工科院校及综合性研究型大学，实践教学环节的质量在教学质量中占有更为重要的地位，这已成为共识并逐渐被重视起来，但对实践教学环节质量的考核、评价多数学校基本上还停留在原来的评价手段和方法上，虽然有些学校在这方面进行了一些探索，但目前很多院校实践教学或实训环节的质量评价仍然比较模糊、笼统，而且也缺少科学性。实践教学质量评价体系所存在的问题主要表现在以下几个方面。

（1）制订的评价指标缺乏客观性

学生是教学过程的主体，他们对教学目标达成度、师生教学互动，都有较深刻的体会和细致的观察，学生对实践教学的评价是最直接、最有说服力的第一手资料。学生参与评价有利于师生沟通，由学生做出较为客观的对实践教学质量评价，更有助于提高教学水平。在以往的教学评价中，往往以学校或专家的评议为主，很少有学生参加评价，因为学生尚处于求知求学阶段，知识的广度和深度有限，容易以偏概全，很难对教师授课中深层次的内容做出评价，有些学生的马虎应付态度和带有主观色彩，感情用事等因素也会影响评估工作的可靠性和准确性。因此，学生问卷及其评价指标的设计是否客观、合理与科学显得尤为重要。评价指标的设计如不够客观，评价结果就不能如实地反映出实践教学过程的真实情况。

（2）评价指标的设计上缺少科学性

构建评价指标时，要突出导向性原则，即明确评估什么、怎样评估或评价及评价起什么作用等问题。以往的评价体系未能处理好具体和抽象的关系、独立与相关的关系及定性与定量的关系。对同一事物而言，只从一个角度来考察所得到的结果，既不全面，也不科学。这些评价都是局限于学校内部的自我评价，是内视质量。评价过程中较少或根本没有注重吸收校外专家、社会行业（企业、部门）人员的参与，忽视了社会化质量评价。没有做到更科学地从不同角度来了解学校实践教学的整体状况，这样就不能为学校制定的相关政策提供决策依据，甚至导致实验教学的改革与发展，人才的培养目标与国家的某些方针政策不相符。

（3）忽视评价过程的可行性

目前的一些教学质量评价体系既不能做到集中主要精力抓住关键问题、也不能解决主要矛盾。评价的可操作性不够规范，没有使教师真正了解自己的薄弱环节，以便扬长避短、有的放矢地加强自我学习、自我提高与自我修养，发挥自身的特长，提高实践教学质量。许多学校在做了大量的监控和信息采集工作发现问题后，往往只是提出问题，而没有解决的方法，或者虽然有了解决方法但没有落实到具体的部门和个人，更没有限期整改或跟踪进行检查。因而，使得一些问题在每次的信息收集汇总时依然存在。没能在现有的教育条件下客观真实地反映教师教学实际，评价结果有时不能被学校、社会、教师、学生接受，可操作性不强。

（4）评价体系中很少体现先进性

要培养具有创新意识和创新能力的学生，教师就必须有创新的教学内容、教学方法和手段。目前的评价体系很少能够反映实验教师教学质量所达到的教育科学水平及教育发展水平，没有考察教师教学的思想、管理、方法、内容的新颖性和创新性。从而也就无法达到实践教学评价体系的先进性。实践教学质量评价指标体系要根据学校人才培养目标的发展阶段进行适时修订。随着时代的发展，社会对人才的需求在变化，学校也在不断调整人才培养目标和培养要求，因此，要研究和制订不同时期的实践教学质量评价指标。以适应时代发展，体现新时期的教学质量标准，更好地发挥其对实践教学质量的引导、监控和促进作用。

（5）评价体系的内容具有片面性

在实践教学质量评价方面，目前的大多数评价内容尚未构成一个体系。评价的指标也没有涵盖实践教学的各个方面，既无重点，也不全面。不能够整体了解实践教学质量的状况。有的实践教学质量评价只是负责处理日常教学进程中出现的问题，但是实践教学质量评价内容还很多，单纯靠监督与控制是不能保证获得良好的培养质量的。在对教学过程的监控中也往往偏重于课堂教学，而对实验、实习、实训等其他教学环节和教学过程则较少监控；对理论教学的监控较重视，而对实践性教学环节实施较少监控或监控不力。因此，必须建立一个完整的评价体系，对影响培养质量的每一个方面进行全面的评价。

（6）在评价体系层次上通常带有肤浅性

由于过去对实践教学不够重视，对实验教学质量评价更是流于形式，很多人认为就是走过场。实践教学质量监控效能和奖惩力度不够。领导对实践教学质量监控工作的薄弱环节重视不够，对监控系统反馈的信息缺乏决断和落实；对实验教师教学质量的考核结果未与晋升职称、竞聘岗位、年度考核和酬金发放挂钩。这种现象的普遍存在直接削弱了实践教学质量监控的效能，也影响了教师提高教学质量的积极性和主动性。对教学质量监控的范围仅限于对学校教学秩序监控；对教师理论课教学效果的监控；对学生理论知识考核监控等。而对教学内容的研究、教学与社会的紧密联系重视不够；对教师实践能力的培养较放松；对实践动手操作能力缺乏深入的研究，没有寻找出有效的培养办法。对管理水平、教学基础设施、课程设置、选修课程或环节、教材等深层次的指标则疏于监控。

综上所述，可以看出在实践教学质量评价体系方面还存在诸多问题和不足之处，只有正确认识并认真对待，才能更好地解决问题。经过反复实践，认真总结，仔细思考，查阅文献，调查研究，并结合本中心的实际工作，我们初步构建了生命科学实践教学质量评价体系。

7.2 实践教学质量评价体系建立的原则

科学性与导向性相结合：科学性体现为能够反映事物的本质。导向性指对实验教学的改革与发展，对人才的培养目标应符合现行国家的方针政策。只有使两者结合起来，才能综合、客观、公正地评价实验教师的教学质量。

先进性与可行性相结合：先进性指评估体系能反映实验教师教学质量所达到的教育科学水平及教育发展水平，通过考察教师教学的思想、管理、内容、方法等方面的新颖性来体现。可行性指在现有教育条件下能客观真实地反映教师教学实际，其结果能被学校、社会、教师、学生接受，可操作性强。只有使两者有机结合起来，才能有利于加强实验教学管理，充分调动教师积极性，提高教学质量及人才培养质量。

全面性与重点突出相结合：我们所列出的评估指标要涵盖专业教学的方方面面，

有重点，但重点中又求细求全。

严谨性与深度相结合：评估体系层次分明，做到不同栏目内容不重复，体现专业特点，由点入面，具有一定深度。

7.3　实践教学质量评价体系评估方式

教学评估从本质上说是一种价值判断活动，价值判断的显著特点是客观性与主体性的高度统一。评估者的认知结构、主体意象都会影响评估的客观性和准确性，所以要选择不同的评估主体从不同角度对同一教师、同一课程、同一管理进行评估。因此建立评价体系，进行不同角度的评估是科学、公正评估的基础。我们采取的评估方式如下：

7.3.1　全方位评估

依据统一的评估标准，在评估小组的统一领导下，按照谁管理谁负责关联考核原则，由学院教学督导组专家、教师、实验技术人员、学生通过看有关文件或实物、听取汇报或实况观摩、问卷调查、座谈调研等方式评定。评估结果分为优秀（85 分以上）、良好（70～84 分）、合格（60～69 分）、不合格（60 分以下）（表 7-1）。结果与奖励挂钩，调动各方面积极性，有利于全面提高实践教学质量。全方位评估的时间一般定在重新制定、修改实践教学计划之前，这样非常有利于实践教学计划的修改，能够充分做到有的放矢，达到提高实践教学质量的目的。

表 7-1　全方位评估内容

生物学实践教学质量评价体系							
要素		内涵及标准	等级				评定方式
			A	B	C	D	得分	
教学管理	岗位职责	实验室各人员有岗位职责及分工细则，专职技术人员每人有岗位工作日志	5	4	3	2		★■
	建设规划	实验室有建设规划和近期工作计划，师资队伍建设培训计划	5	4	3	2		★■
	管理文件	各种实验室文件是否归类存档管理，文件档案化管理齐全、清楚	5	4	3	2		★■
	管理手段	实验室基本信息和仪器信息实现计算机管理，实行从上到下分工负责制	5	4	3	2		★■
	计算机数据库和网站建立	实验室各种信息网络化管理	5	4	3	2		★■

	生物学实践教学质量评价体系						
要素		内涵及标准	等级				评定方式
			A	B	C	D	得分	

要素		内涵及标准	A	B	C	D	得分	评定方式
仪器设备	仪器设备完好率	现有仪器设备（固定总产）完好率不低于80％ 5台抽1台	5	4	3	2		★■
	更新率	近十年该类品种仪器设备台（件）数占该类仪器设备总台（件）数≥80％	5	4	3	2		★■
	配套台数	每个实验项目的常规仪器配套数不低于5套（大型设备及系统装置例外）	5	4	3	2		★■
	设备管理	仪器设备的固定值产账物卡相符率达100％。单价低于500元低值耐用品账物卡相符率不低于90％	5	4	3	2		★■
	使用管理	使用仪器设备要有详细的使用记录和维修记录本（卡）	5	4	3	2		★
实践教学	实验教材和大纲	有实验教材或实验指导书，教学大纲和教案，教学计划完成表齐全，实验开出率≥90％	5	4	3	2		★
	实验项目	每个实验项目管理规范，记载有名称，面向专业，组数，主要设备名称，规格型号，数量及材料损耗等情况	5	4	3	2		★
	实验考试和考核	有考试和考核办法，并具体实施。考试的试卷或考核记录准确合理	5	4	3	2		★●
	实验报告	有原始实验数据，实验过程组织周密，指导认真。每份报告过程书写规范，有教师认真的评语、评分、签字	5	4	3	2		★●
	实验教改与研究	有创造性的实验改革和实验研究成果提高性实验比率≥20％（提高综合设计研究性实验占总开出实验学时数）	5	4	3	2		★●
	校内实训	有具体实训计划、内容，实训过程组织周密，指导认真。实训报告书写规范，有教师认真的评语、评分、签字	5	4	3	2		★■
	校外实习	有具体实习计划、内容，实习过程组织周密，指导认真。实习报告书写规范，有教师认真的评语、评分、签字	5	4	3	2		★■
教学效果	综合和创新设计实验	每学期各专业都有开设综合性实验和创新设计实验	5	4	3	2		★●
	学生实验主动性和积极性培养	实验项目能积极发挥和调动学生实验积极性和实验主动性	5	4	3	2		■●
	对学生动手能力和创新能力的培养	实验项目能充分调动和发挥学生的动手能力和创新精神	5	4	3	2		■▲●
	学生成绩	有多元实验考核方法，统筹考核实验过程与实验结果，实验成绩要基本符合正态分布，有实验成绩分析总结及成绩分布曲线图	5	4	3	2		★■
	学生满意度	达到实验目的，实验效果学生满意达85％以上	5	4	3	2		●★▲
	意见反馈	有定期意见反馈记录，并有解决记录	5	4	3	2		●★▲

续表

生物学实践教学质量评价体系
体系说明： 1. A、B、C、D的标准为完全达到内涵标准，基本达到，一般达到，很不符合标准； 2. 实验效果的检查一般参考学生必修实验中选学生当场评定考察等方式综合测试； 3. 每一次学生问卷都有存档统计； 4. 考虑教学体系复杂性，本标准没有采用权重积分法，而是采用等级模糊积分法； 5. ★表示看有关文件或实物■表示听取汇报或实况观摩评定▲表示问卷调查●座谈调研。

我们制订的体系中的指标力求具有前瞻性，这也是我们的理想目标，但不可能保证它永远具有前瞻性。因此，设计之后也决不可一劳永逸，还要在实施过程中随着时代发展、技术手段更新、教学评估理论的日趋完善，不断修改本教学评估体系，使其标准能真正成为生物实践教学的有效指导，达到不断提高实践教学质量的目的。

7.3.2 重点评估

（1）实践教学效果评价

生命科学是实践性极强的学科，实践教学在整个教学活动中占有十分重要的地位。我们必须建立健全、规范、行之有效的实践教学质量检查体系，进一步加强实践教学过程和实践教学质量的检查、评估，建立本科实践教学质量评估体系。考虑实验教学的实效性，以实践教学效果和实践教学改革为主要评价指标，每学期不定时的进行重点评估。采取在校学生、毕业生、助教研究生和教师综合问卷、调查表、网上反馈、座谈等方式，进行实践教学效果评价，并及时向师生反馈和沟通有关问题，进一步改进实践教学。结合学校对教学质量管理有关规定特作如下实践教学检查评估细则。

（2）实践教学检查细则

① 实验中心建立实践教学检查评估领导小组及专家组（督学委员会），全面负责实践教学检查工作。

② 每学期进行实践教学检查2次和不定期的抽查，对任课教师实行听课制度，并做好听课记录。

③ 实践教学检查内容。

• 教学任务：有教学大纲或教学计划。

• 教材：有实验教材或实验指导书。

• 实验项目管理：每个实验项目有电子课件和相关计算机文档。

• 实验考试或考核：有考试或考核办法，具体措施合理有效。

• 实验报告：规范整洁，有存档。

• 实验研究：有实验研究和成果。

• 每组实验人数：基础课达到1人/组，技术基础课2人/组，有些实验不能1人

（或 2 人）完成的，以满足实验要求的最低人数为准。

- 每学期不定期举行公开课的活动，开展教学经验的交流和研讨等。
- 仪器设备管理：仪器设备的固定资产账、物、卡相符率达到 100％。
- 低值耐用品管理：单价低于 500 元的低值耐用品的账物相符率不低于 95％。
- 仪器设备的维修：仪器设备的维修要及时，保证实验的顺利开展。
- 仪器设备完好率：现有仪器设备（固定资产）完好率不低于 80％。
- 精密仪器大型设备管理：单价 5 万元以上的仪器设备要有专人管理和技术档案，每台年使用率不低于 400 学时。
- 教学实验常规仪器配置套数：每个实验项目的常规仪器配置套数不低于 5 套。
- 岗位职责：有实验室主任、实验教师、技术人员岗位职责，专职技术人员每人有岗位日志。
- 培训计划：实验室有合理有效的师资培训计划，并落实到人。
- 实验指导教师：对本学年首次开的实验要求指导教师试作，对首次上岗指导实验的教师有试讲要求。
- 管理制度：有物资、安全、工作档案、人员管理、信息收集整理制度，有学生实验守则。
- 学生实验情况：有平时操作、行为习惯等，发现问题及时处理，通报批评和表扬。

④ 实训、实习教学检查内容：

- 教学计划：有完整的实训、实习教学计划。
- 教学过程：实训、实习过程组织周密，指导认真。
- 实训（实习）报告：实训、实习报告书写规范，有教师认真的评语、评分、签字。

⑤ 每次实践教学检查后，要及时通报情况，以便实践教学的改进。

（3）实践教学质量评估细则

① 实验中心成立实践教学督导组，对实验中心的教、学、管实施督导。

② 实验中心实践教学督导组组织对实践教学进行工作评估，对实践教学优秀的教师，将在工作量上增加 20％。建立自我评估和对实践教学工作评估的制度和办法。

③ 实践教学督导组组织实验中心范围内的教师教学质量评价活动。通过在校学生、毕业生、助教研究生和教师综合问卷、调查表、网上反馈、座谈等方式进行教学效果评价。评价结果与其职称晋升、奖金分配等挂钩。新任课实验教师在正式上课前，要通过由实验中心组织的试讲。

④ 每学年组织一次全院范围内的实践教学质量问卷调查，将有关结果及时反馈给各实验教学中心，中心根据调查结果提出处理意见。对在学生反馈中不满意率（大样本统计）高于 50％的实验教师，以适当的方式予以提醒；对不满意率高于 70％的

教师，经督导组调查实践教学质量确有问题的，暂停其担任实验课指导资格，经培训由同行教师和学生评价合格后，才能重新担当指导。

⑤ 进一步严格实践教学纪律，稳定实践教学秩序。实验教师必须严格执行实践教学计划的年度和学期运行表、课表等，保证实践教学秩序稳定；严禁私自串课、停课。凡教师（含其他教学环节的教学人员），在实践教学过程中如出现有较大影响的教学事故，将在职称晋升中予以单项否定，暂停评聘学术职务一次，并建议学校给予行政处分。

（4）实践教学改革评价

每一步的改革实践，都要征求学生、教师和校内外专家意见，并认真研究和及时整改；每学期专门召开一次实验教学研讨会，总结实践教学改革经验和不足，提出改进意见，确保实践教学的各项改革有利于学生实践能力和创新能力的培养。

7.4　学生实践成绩的评定方法

7.4.1　实验成绩评定方法

生物基础实验教学中心承担着计划内本科、高职和计划外成考、自考本专科学生和全校非生物类学生等不同层次的实验教学任务。为了能准确的考察学生的实验技能和多方面能力的情况，实验中心建立多元成绩考核评定方法。

（1）计算公式

学期总成绩＝平时考核成绩（60％～70％）＋期末实验操作和理论考试（20％）
　　　　　　＋设计创新性实验（10％～20％）

平时考核成绩包括：实验习惯成绩（10％）、实验操作（30％～40％）、实验结果（10％）、实验报告（10％）。

（2）平时成绩评定方法（占60％～70％）

项目内容：成绩、实验习惯、操作能力、观察能力、分析问题和解决问题能力表达能力（包括文字、数据、图表）、创新能力。

优：不迟到、不早退，值日工作认真，安全意识明确，及时认真填好仪器使用记录，台面整洁，实验基本操作规范、娴熟，仪器设备操作标准合理，仔细观察实验现象，能及时发现问题，实验数据准确，实验记录完整，实验中善于发现问题，并联系理论知识解释和解决问题，实验报告讨论认真、深入，文字表达有条理，合乎逻辑，通顺而准确，图表制作规范准确，数据处理和图形分析准确，文字端正，报告整洁，讨论深入，能在实验结果的基础上有独到见解和体会，并善于运用现代手段和方法处理数据。

良：不迟到、不早退，值日工作认真，安全意识明确，认真填好仪器记录，台面整洁，实验基本操作规范、较娴熟，仪器设备操作合理，认真观察实验现象，测量数据较准确，实验中能发现问题，在教师启发下能解决问题，实验报告认真，文字表达有条理，通顺而准确，图表制作较规范准确，数据处理和图形分析较准确，报告整洁，实验中有较好的见解和体会。

中：不迟到、不早退，值日工作较认真，安全意识较强，预习报告较认真，能填写仪器记录，操作一般，没有明显的操作问题，仪器使用较规范、较娴熟，较认真观察实验现象，测量数据记录较完整，对实验中发现的问题自己不能解决，在教师启发和帮助下能初步解决；注意实验讨论，基本上能正确的表达实验结果和看法，数据处理和图形分析较准确，报告整齐，没有独到见解，体会不深刻。

及格：不迟到、不早退，值日工作不太认真，安全意识较弱，能填好仪器记录，操作一般，偶有违反操作规程，经指出后能改正，仪器使用基本正确，一般的观察现象，但不仔细，出现异常现象也无动于衷，数据基本正确，记录欠条理，对实验中出现的问题没有思想准备，需经教师的提醒和具体帮助能解决一般问题；对实验的部分内容作简单的讨论，报告基本符合要求，少数地方文不达意，数据处理和图形分析偶有不当，没有创新意识和独到见解和体会。

不及格：迟到或早退超过三次，值日工作不认真负责，安全意识淡薄或没有，不填仪器记录，台面较乱，多次违反操作规程，经教师指出后尚不改正，仪器使用不正确，造成操作事故，不注意观察，涂改记录的数据，对实验中出现的问题不知所措，实验报告无讨论，报告没有条理，文字潦草，数据处理和图形分析不正确，没有独到见解和体会。

（3）实验习惯成绩评定方法（占 10%）

为保证实验课的正常秩序，培养学生良好的实验习惯，养成严谨的科研品质，提高学生的综合素质，特制定实验习惯评定标准 21 条。实验习惯成绩占本门实验课程总成绩的 10 分，以减分形式计分，减除满 10 分者，视该科实验成绩为不及格，具体制定以下规定。

① 实验课迟到者，－1 分。

② 无故缺席实验者，－3 分。

③ 不写实验报告只复制指导教师的电子教案者，－2 分。

④ 不穿实验服做实验者，－1 分。

⑤ 不写实验记录者，－1 分。

⑥ 实验结束后，不将使用的玻璃仪器冲洗干净者，－1 分。

⑦ 向水池扔堵塞下水道的废物者，－2 分并罚款拾元。

⑧ 使用仪器设备未按要求操作造成仪器损坏者，根据损坏情况－2 至－5 分并按仪器损坏赔偿制度给予相应罚款。

⑨ 使用煤气灯、酒精灯、电炉等不注意造成实验台面烫伤或使用强酸、强碱等

溶液腐蚀实验台面者，使用分光光度计时，将比色皿放在仪器台面上，使台面腐蚀、污染者，－5分并罚款一百元。

⑩ 使用仪器后不填写仪器使用记录者，－1分。

⑪ 不参加实验室布置的大扫除或值日生工作不认真者，不整理实验所使用的仪器和实验台面者，－1分。不参加值日生工作者，－2分。

⑫ 实验操作过程中，不按操作要求移取公用试剂造成试剂污染，影响自己和别人实验结果者，－5分并赔偿相应试剂费用。

⑬ 未经教师允许，擅自开抽屉、柜子者，－1分。

⑭ 实验课堂中接听手机，手机铃声发生响动者，－1分。

⑮ 对实验中心布置的实践教学活动不参加者，－1分。

⑯ 篡改实验数据、结果或抄袭实验报告者，－10分，并取消该科实验成绩。

⑰ 扰乱课堂秩序，根据情节，－5至－10分。

⑱ 没有接受实验室安全、节约、环保教育和实验安全考试不合格者，禁止上实验课。

⑲ 其他违反实验室有关规定者，根据实际情况做出相应的处理。

⑳ 对于道德品质不好，实行一票否决制，取消成绩、禁止进实验室。

㉑ 对实验习惯表现突出者给予＋1至＋5分奖励。

（4）开放设计实验成绩评定方法（占10％～20％）

项目内容：成绩、立题（选题）、获取信息能力、设计方案新颖性、研究方案可行性、实验的综合性、实验实施情况、实验数据及结果。

优：选题具有科学性，有新意，可行，实用性强，除能查阅指定文献资料外，还能根据引文查阅其他书刊和资料，并能综合运用，能结合学过的知识，实验技术和方法，设计思路新颖，有独到见解，设计方案无论在理论上还是在操作上均是合理的，可行的，可操作性强。能将所学的知识、方法和技术综合运用设计方案中，或方案中有学科交叉。操作规范，仪器使用正确，时间安排合理，观察认真，记录准确，实验室工作习惯好。数据处理和图像分析准确可靠，结果正确，实验报告或小论文符合要求，条理清楚，表达精练，分析讨论科学，结论恰当。

良：选题恰当，可行，有新颖性，但实用性不强。能独立查阅文献，能综合运用。设计思想有新意，但见解不深刻。设计的方案合理、可行，但操作性不强。能较好地综合运用所学知识、方法和技术，操作规范、仪器使用正确，时间安排较合理，观察认真，记录准确，实验室习惯较好。实验数据真实，分析讨论清楚，报告书或论文符合要求，但表达不精练。

中：选题一般，可行，有一些新意，不实用。能按要求查阅文献，但不会分析运用。设计思路清楚，但新颖性不强。设计方案合理，但可操作性不强。能简单地将所学知识、方法和技术综合运用。操作较规范、仪器使用正确，时间安排较合理，观察较认真，记录较准确，实验室习惯较好。实验数据真实，分析讨论比较清楚，报告书或论文符合要求，但表达不精练。

及格：选题有新意，但不可行。能查阅文献，但不认真。思路有新颖性，但可行性差。设计方案较合理，不可行。综合运用所学知识能力较差。实验操作较认真、仪器使用不规范，时间安排不合理，观察和记录不认真。实验数据真实，分析讨论较清楚，报告书或论文基本符合要求，结论不确切。

不及格：选题没有新意，不可行，也没有创新。不查文献。设计思路不清楚。设计不合理，不可行。不能很好地综合运用所学知识。实验操作不规范，违反仪器操作规程，时间安排不合理，记录不详。实验数据不真实，报告书或论文不符合要求。

（5）实验理论考试成绩（占20％）

每学期末进行实验理论考试，重点考核学生实验基本理论和实验的相关知识，以闭卷形式进行考核。

7.4.2　校内实训实验成绩评定方法

为了能准确地综合评估学生实训成绩，根据学校实训大纲的要求，特制定学生实训成绩评定办法，考核时各实训指导教师可根据具体情况，采取不同的方式进行，动手、动"脑"（电脑）和实际操作相结合。考核内容包括：校内实训、组织纪律、基础专业知识、实际动手能力、专业素质、实验完成情况、综合考核。

校内实训实验分基本工艺技能实训实验和专业技能实训实验两种。基本工艺技能实训实验主要是让学生了解和掌握各实训实验的一般基本知识及基本操作方法，为专业技能实训实验及理论课打下基础。专业技能实训实验是以操作技能训练为主，巩固所学理论，获取相应专业的实际技能，培养学生的实际工作能力和专业技能，使学生能达到相应专业中级工操作水平。根据校内实训计划大纲基本目标及要求，实训实验成绩按优秀、良好、及格、不及格四级记分制评定。评分标准如下：

优秀：能很好地完成实训实验任务，达到实训实验大纲中规定的全部要求，职业素养与运用专业知识能力强，学生所进行实训实验专业技能的操作动手能力、解决现场问题的能力及创新能力强。劳动态度端正，实训实验中无违纪行为。

良好：能较好地完成实训实验任务，达到实训实验大纲中规定的全部要求，职业素养与运用专业知识能力较强，学生所进行实训实验技能的操作动手能力、解决现场问题的能力及创新能力较强。劳动态度端正，实训实验中无违纪行为。

及格：达到实训实验大纲中的主要要求，职业素养与运用专业知识能力一般，学生所进行实训实验专业技能的操作动手能力、解决现场问题的能力及创新能力一般，实训实验中虽有一般违纪行为，但能深刻认识及时改正。

不及格：凡具备下列条件之一者，均为不及格论。

① 未达到校内实训实验规定的基本要求，职业素养与运用专业知识能力差，学

生所实训实验专业技能的操作动手能力、解决现场问题的能力、及创新能力差。

② 未能加实训实验时间超过全部实训实验时间 1/3 以上者。

③ 实训实验不积极参加者。

实训实验期间因故请假（或无故缺席）时间超过全部实训实验时间 1/3 以上者，应令其补足或重新实训实验。否则，其实训实验成绩按不及格处理。未补实训实验或补做实训实验后仍不及格者，按学校的有关规定处理。

7.4.3 实习成绩评定方法

在生产实习教学中，应系统地、严肃地、正确地评定学生的学习成绩。它可以增加学生的学习兴趣和对生产的责任感，调动学生的学习积极性，鼓励学生有目的地学习，使学生养成遵守纪律、钻研技术、严格要求自己的良好习惯；同时，又是提高教学质量、改进教学工作的重要手段；它可以帮助教师按照具体的、客观的标准，仔细、深入地检验生产教学实践的效果，帮助教师正确地分析教学中的问题和优缺点，从而采取有效的方法和措施，进一步提高生产实习教学的质量和改进教学方法。

（1）实习形式

实习时间在 4 周及以上为阶段实习，小于 4 周为认识实习。在校内实训基地、敖东制药厂洮南分公司、吉林省农业科学院、长春金赛药业、长春生物制品所和吉林省制药有限公司进行生产实习为主。所有学生生产实习均应进行严格考核。

（2）考核内容

① 生产实习报告：每分课题结束后，学生都要按要求写生产实习报告；每个实习单位写一篇。

② 生产实习总结报告：认识性实习学生按教学大纲及实习课题要求写一篇实习总结报告。

③ 阶段考试：每阶段实习结束前，根据该阶段实习大纲、课题要求进行一次考试。由生产实习单位组织命题和考试。

（3）考试命题及评分

按百分制进行评分，60 分及以上为及格，60 分以下为不及格。

① 课题考核由生产实习单位技术骨干命题，要求每完成一个实习课题，技术指导教师根据评分标准对学生进行一次评分，并将分数公布。

② 阶段性考试由生产实习单位考核小组命题及评分，并在考前将评分标准公开，以便学生作好准备。原则上参加技术指导教师不直接参与命题及评分工作，实行教考分离。

（4）实习成绩的组成

① 认识性实习成绩评定办法。

校内实习成绩：生产实习总结报告占 40%，各分课题平均成绩占 60%。

校外实习成绩：以生产实习总结报告为主。

② 阶段性实习成绩的评定办法。

校内实习成绩：生产实习报告平均成绩占 20%，阶段性实习结束考试成绩占 40%，各分课题平均成绩占 40%；若无阶段性实习结束考试成绩，则生产实习报告平均成绩占 40%，各分课题平均成绩占 60%。

校外实习成绩：生产实习报告占 30%，生产实习总结报告占 20%，阶段考试占 50%；若无法组织阶段性实习结束考试，则生产实习报告平均成绩占 40%，生产实习总结报告占 60%。

（5）加减分制度

凡有下列情况者，生产实习教师在进行实习成绩评定时可酌情考虑加分或减分，但须报实验中心主任审批。

① 在实习中制止他人违章操作、违反劳动制度、避免人身事故，使生产实习设备免受损失者，除给予表扬或奖励外，可适当提高实习总评成绩。

② 在实习中违章操作、违反劳动制度、造成人身事故，或损坏生产实习设备、工具及故意浪费实习材料者，除给予批评或培偿处罚外，应适当降低实习总评成绩。

③ 在生产实习中出色完成生产任务，受到生产实习单位书面表扬者，可适当提高实习总评成绩。

④ 在各类大型生产实习操作技术比赛中成绩优秀者，可适当提高实习总评成绩。

⑤ 在生产实习中提出合理化建议和技术革新被采纳者，可适当提高实习总评成绩。

⑥ 对于经常违章、违纪，被工厂取消实习资格退回学校的学生，实习平时成绩按不及格处理。

⑦ 在生产实习期间，请假累计时数超过 4 学时，其最高成绩按下式计算：凡请假超过 40%者，实习总评成绩即为不及格。

$$最高成绩 = 100 \times (1 - 请假累计学时数 / 本阶段实习总学时数)$$

⑧ 凡因违反操作规程或劳动纪律而造成重大生产事故或造成恶劣影响有损学校荣誉者，实习成绩为不及格。

⑨ 在考试中作弊者，该项成绩按 0 分计。

第八章

实践教学改革成果与辐射示范作用

为了推动高等学校加强学生实践能力和创新能力的培养，加快实验教学改革和实验室建设，促进优质资源共享，提升办学水平和教育质量，2001 年开始，教育部分学科组织专家对"实验教学示范中心建设标准"进行研究，2005 年教育部正式启动了"高等学校国家级实验教学示范中心建设"工作，2007 年教育部下发教高〔2007〕1 号和 2 号文件进一步指出：大力加强实验、实践教学改革，重点建设 500 个左右实验教学示范中心（以下简称示范中心）。截止到 2007 年已评审建立 262 个国家级示范中心和若干个省级示范中心。但各级各类示范中心如何有效运行，真正发挥辐射示范作用是各高校面临的又一个重要课题。我们经过几年的改革与实践，取得了显著的教学效果和改革成果，充分地发挥了辐射示范作用，赢得了国内外同行和专家及社会各界的一致好评。

8.1 实践教学改革成果

8.1.1 实践教学主要的特色改革成果

在管理体制、教学体系、运行机制和以人为本的环境设施建设等方面进行综合改革与创新，探索出分层次、相互衔接、科学系统的"六个四"创新实验教学体系和符合学生认知规律的教学方法，全面提高实践教学整体水平。其主要特色改革成果如下：

① 科学与现代化结合的"精"、"细"、"实"的一流的管理水平和先进的人性化的环境条件，辐射示范作用明显。建立了网络化、信息化的教学与管理平台；建立了"精"、"细"、"实"的管理模式；已建成设备优良、实验室设计与布局合理、以人为本、条件与管理并重的实验教学环境条件；已有国内外 600 多个实验室前来学习与交流。

② 创建了有利于个人和事业共同发展的实验教师聘任机制。建立了实验课程建设由理论课教师牵头、实验教师以实验题目聘任、研究生作助教的实验教师队伍；形

成了理论教学、实验教学和科学研究互通的教学团队。教师不仅能够合理地分配实验教学、理论教学和科学研究的时间与精力，而且还能结合自己的科研工作更新、改造实验项目，高水平教师为本科生上实验课成为可能，也使更新改造的实验项目更加趋于合理；实验技术人员实行以固定与流动相结合、推行竞争上岗的用人机制；这种聘任机制，为实验技术队伍建设开辟了新的思路。

③ 建立了实验室全方位开放和创新实验成功开设的运行机制。通过建立创新实验教学体系和大学生创新实验的可操作程序，总结出设计创新实验实施流程和实验室开放工作流程，细化大学生创新实验的各项日常管理，建立创新实验网站，实行实验教学的内容、时间、空间、资源和管理等全方位开放运行；形成一种开放、自主、多元、创新、动态的实验教学运行机制。

8.1.2　实践教学效果

经过几年的改革与实践，学生实践能力和创新能力明显提高，本科生承担各类创新计划研究项目 227 项（其中，国家级 6 项、校级 42 项、基地 179 项）；本科生发表科研论文 86 篇（SCI 收录 12 篇，EI 收录 4 篇、核心期刊收录 60 篇）；本科生创新实验申请国家发明专利 21 项；本科生获各类创新奖励 148 项（其中，获"中国青少年科技创新奖"2 项、获全国大学生"挑战杯"一等奖 2 项）；因创新实验成绩突出破格保送硕士研究生 16 人，获得高新技术企业设立的"创新实验"专项奖学金 286 人。

近五年毕业学生一次平均就业率为 98%（其中，平均读研占 88%，出国深造占 9%，高新企事业高薪聘用占 3%）。每学期采取在校学生、毕业生、助教研究生和教师综合问卷、跟踪调查、网上反馈、座谈和教学检查等方式进行教学效果评价；近三年来，在校学生、毕业生、助教研究生和教师对实验教学效果满意率均在 98% 以上。

毕业被保送到中国科学院上海生化研究所读研的 2000 级生物科学专业张佳同学在我们组织的问卷调查中反馈说：上海生化所的面试与实习经历让我深深体会到实验中心的教育理念是非常正确的，实验项目的安排，实验室的管理是相当成功的。我感触最深的主要有两点：一、严肃认真的实验态度和实验习惯的培养；二、设计实验对学生科研能力的培养。前者在我所到的科研单位很受重视，因为良好的实验习惯被认为是否能独立开展项目研究，是否可以顺利融入全组科研环境的基本素质。后者在与别的知名院校的学生竞争中成为吉大学生的一个明显优势。实验中心的培养让我受益匪浅。

经过几年的实践教学改革，实验中心的建设已经取得了长足进步：实验室使用面积增加 5.6 倍，仪器设备更新率为 98.7%，实验项目更新率为 68%，覆盖专业数为 29 个；覆盖学生数 3578 人；承担的教学工作量为 36.9 万人学时。实验室节假日照常上班，周平均开放时数 98 学时；为省内培训师资 30 人；为企业培训技术人员 5000 多人；接受中学生夏令营 2100 余人；平均每年为实验中心补充经费 20 余万元。

8.1.3　实践教学团队在改革中取得的成果

• 在 2001 年 7 月教育部原副部长周远清率团进行的世行项目考察检查中，对生物基础教学实验中心的建设与管理及实验教学改革工作给予了充分肯定，并在纪要中给予表扬；

• 在 2002 年 1 月吉林省教育厅组织的"双基"实验室评估中，被评为全省参评的 88 个双基实验室首位；

• 2002 年 6 月被吉林省教育厅评为"精品实验室"，并组织召开了全省高校经验交流现场会；

• 2004 年"高校生物基础实验教学中心建设的研究与实践"获"吉林省教学成果二等奖"；

• 2005 年"生物学基础实验"课程被评为"国家精品课"；

• 先后 8 次在全国相关会议和研修班介绍经验，受到了与会者的好评；

• "生物基础实验教学中心"2005 年被评为首批"国家级生物实验教学示范中心"2006 年被评为"吉林省教育系统先进集体"2007 年被评为"吉林省大学生科技创新教育示范基地"；

• 2005 年"创建生物学基础实验精品实验室的研究与实践"获全国教育科学研究成果三等奖；2007 年"生物实验教学团队"被评为"吉林省优秀教学团队"。

近五年来，实验中心共计承担相关教研项目 29 项，其中，国家级项目 8 项，省级项目 10 项，学校项目 11 项；公开发表教学改革论文 26 篇，其中 CSSCI 收录 4 篇；主编并出版实验教学研究专著 3 部，出版专刊 1 期，出版相关教材 9 部；获各类教学改革奖励与荣誉 63 项（国家级 7 项、省级 33 项）。1 名教师被评为全国高校第三届教学名师和全国模范教师，2 名教师获全国大学生"挑战杯"指导教师一等奖。

8.1.4　专家评价

目前，吉林大学国家级生物实验教学示范中心已接受国内外 600 多个实验室前来参观学习与交流，得到国内外同行赞许和认可。

在 2001 年 7 月教育部原副部长周远清率团进行的世行项目考察组检查中，对生物学实验教学与管理给予了充分肯定，并在纪要中首先表扬了相关的教学改革和管理改革。

2004 年 4 月吉林省教育厅组织专家鉴定结论为"实验教学综合改革处于国内领先水平，达到（部分成果超出）国际先进水平"；2004 年 6 月中国高等教育学会组织专家鉴定结论为"成果属国内首创，达到了国际先进水平"；2004 年 6 月世界银行外籍专家组检查评价为"从硬件设施、软件管理到学生的培养质量上都是国内最好的"，并作为优秀案例写进项目的总结报告中；英国女皇大学先后两次来实验中心交流，药学院院长 Chris Shaw 说："这里的实验条件、教学理念和教师水平都是非常优秀的，欧洲和美国的学生都应到这里接受教育和培训，可以肯定的是学生们在这些高素质的教师培养下，一定能得到最好的教育。"2006 年 4 月，英国 Exeter 大学副校长 Janice Kay 教授考察后评价为："这是一个令人印象非常深刻的实验室，在这里所有学生取得的成就都是有目共睹的，很难见到如此高水平的兼顾学生自主选择的组织系统。这应该是吉林大学的骄傲!"

先后有中共中央政治局常委李长春，教育部部长周济、副部长袁贵仁、吴启迪，人事部部长张柏林，团中央第一书记周强，吉林省委书记王云坤、省长韩长赋、团中央书记处书记贺军科、教育部高教司司长张尧学等领导前来视察，并给予高度评价，李长春来视察后说："整合学校资源，实现资源共享；实验室开放；学生既有必修实验，还有选修实验和研究创新实验；除了基础实验外，还有实训实验。这四个环节非常重要，你们做得很好!"

8.2　辐射示范作用

示范中心的建设的根本目的是引领全国高等学校实验室发展方向，为高等学校实验教学改革提供示范经验，带动高等学校实验室的建设和发展。我们通过以下途径，充分发挥示范中心的辐射示范作用。

（1）提高实验教师示范意识

被评为示范中心后，接待任务量逐步加大，几乎每周都有来访者。目前已迎来国内外 600 多个实验室前来参观学习与交流。为了全面的做好交流工作，培训每一位实验教师和管理人员，使他们都能够全面地对外介绍中心的建设、改革和管理细节，在交流中毫无保留地将中心的管理方法、实验项目设置等介绍给来访者，同时也增强了他们的责任意识、示范意识、荣誉意识、贡献意识和团队意识。

（2）广泛对校外开放

中心除了对本校学生开放外，还为长春理工大学等省属 5 所地方院校开设高水平实验课，为校内外培训师资并为高新技术企业培训技术人员。

（3）组织现场经验交流会

2005 年 8 月协助承办了"全国高校实验室管理干部高级研修班"；2006 年 8 月组织召开全国高校实验室和实践教学基地建设现场经验交流研讨会；2007 年 11 月，组织承办吉林省普通高等学校实验教学示范中心（基地）主任研修班，2008 年 9 月承办"全国高校实验技术骨干教师学级研修班"和"高等学校生物学科国家级实验教学示范中心研讨会"。进一步发挥示范中心辐射示范作用。

（4）积极参加各种会议和研修班

先后 18 次在全国高校实验室建设与管理会议和培训班上介绍经验。

（5）利用网络开展交流工作

示范中心网站不断更新，所有的管理方法和实验教学资源全部上网，供其他院校实验室参考。

（6）积极发表教学研究论文，发挥示范作用

6 年来发表教改论文 26 篇（CSSCI 收录 4 篇），被引用 129 次，其中单篇最高引用次数 57 次。主编并出版专著 3 部，2008 年教育部以《注重内涵建设，发挥辐射作用》为题特发简报进行报道。

参 考 文 献

白秀玉等. 1999. 论创新人才与全面素质教育. 高等农业教育，（4）：7～10

曹伟汉. 2000. 设计实验教学研究. 锦州师范学院学报，21（1）：15～18

程英琨等. 2005. 开设《生命科学基础实验》公选课的思考与体会. 生物学教学，（8）：72

程瑛琨等. 2004. 实验是技能与知识的有机结合. 实验室研究与探索，（8）：56～57

郭翠兰，徐朔. 2005. 关于职业教育师资队伍建设的思考和政策建议. 教育发展研究，10：68～72

教育部财政部关于实施高等学校本科教学质量与教学改革工程的意见. 教高［2007］1 号文件

李洪涛. 2008. 基因工程原理与应用实验教学的改进与实践. 科技资讯，（10）：107

刘大军等. 2006. 实验队伍建设是推进实验教学创新的源泉. 西南农业大学学报（社会科学版），
　　　2：280～283

刘燕. 2007. 新型人才与高校教师队伍的创新. 科技信息（科学教研），36：553

逯家辉等. 2004. 现代教育技术在实验教学中的应用. 实验室研究与探索，（11）：67～69

吕敬堂. 2005. 建设开放实验室，适应 21 世纪人才培养需要. 实验技术与管理，（1）：132～133

马妍春. 1999. 创新人才的内涵及特征. 沈阳教育学院报，1（4）：46～49

孟庆繁等. 2003. 创建实验教学精品实验室的实践与思考. 实验室研究与探索，（4）：116～119

孟庆繁等. 2004. 高素质创新型人才培养途径的探索与实践. 实验室研究与探索，（1）：85～88

孟庆繁等. 2005. 基础实验教学示范中心建设的实践与思考. 实验室研究与探索，（5）：95～98

孟庆繁等. 2006. 生命科学创新实验教学体系的构建与实践. 实验室研究与探索，（12）：1547～
　　　1549

孟庆繁. 2006. 实验教学示范中心管理模式与运行机制的研究与实践. 实验技术与管理，（9）：
　　　1～3

倪师军等. 2008. 基于三大平台培养三种能力的本科实践教学体系. 中国大学教学，（1）：68～71

乔长晟等. 2006. 生物工程专业实践教学改革探讨. 中国轻工教育，（3）：65，66

施小平. 2006. 地方本科院校实践教学改革的策略. 黑龙江教育（高教研究与评估），（4）：63～65

滕利荣等. 2007. 国家级生物实验教学示范中心建设的研究与实践. 中国大学教学，（7）：36～38

滕利荣等. 2004. 高校生物学基础实验教学的改革与实践. 长春：吉林大学出版社. 11～33

滕利荣等. 2008. 高等学校实验教学创新团队建设的思考. 中国大学教育，3：80～81

韦须祥，周建中. 2005. 高校实验室开放面临的问题及对策研究. 实验技术与管理，（8）：120～
　　　122

吴丽芬. 2002. 建设基础课实验教学示范中心的探索与实践. 实验室研究与探索，（2）：115～117

许波等. 2007. 发酵工程实验教学改革初探. 微生物学通报，34（3）：600～602

杨卫光等. 1999. 改革实验教学，适应创新人才的培养需要. 实验技术与管理，16（4）：10～12

银德辉. 2008. 论地方高校教师队伍的建设. 赤峰学院学报（自然科学版），02：149～151

张彪. 2005. 建立创新型实践教学平台. 实验室研究与探索，（9）：64～66

张玉梅等．2004．高校人才引进存在的问题及对策．河北农业大学学报（农林教育版），3：15～17

赵丰丽等．2007．发酵工程实验课课程体系的改革与实践．微生物学通报，34（5）：1005～1008

周明贵等．2007．加强实验教师队伍建设提高高校教学质量．实验技术与管理，5：105～107

邹祖莉．1997．设计实验与科学素质的培养．贵州师范大学学报，15（2）：99～101

附　录

吉林大学国家级生物实验教学示范中心
实践课程设置

序　号	课程名称		学　分	开设学期
1	生物学实验原理与技术		5	1～6
2	生物学基础实验	植物生物学实验	1	1
3		动物生物学实验	1	3
4		微生物学实验	1.5	3
5		遗传学实验	1	4
6		生物化学实验 I	2.5	短 2
7		生物化学实验 II	1.5	5
8		免疫学实验	1	5
9		细胞生物学实验	1.5	6
10		分子生物学实验	1.5	6
11	研究创新实验		2	4～5
12	专业综合大实验		4	短 3
13	植物、动物和药用植物实习		2	短 2
14	校内实训实验		10	5～8
15	校外实习		2	短 1、短 2、短 3
16	毕业论文		15	7～8

附录 Ⅱ

吉林大学国家级生物实验教学示范中心
管理制度

一、教学实验室管理工作规程

总　　则

第一条　为贯彻国家原教委《高等学校实验室工作规程》，加强高校教学实验室建设和管理，保障教学质量，提高办学效益，特制定本章程。

第二条　教学实验室隶属于高等学校或依托高校管理，从事实验教学，着重服务于本科学生和研究生，培养适合 21 世纪科学快速发展的高素质创新型人才。

第三条　高校教学实验室必须努力贯彻国家的教育方针，以不断改革的实验教学体系为先导，不断提高实验教学水平；加强实验室的管理体制的改革，使之成为管理制度化、科学化和现代化的实验室。

第四条　实验室的建设要从高校学科专业发展实际出发，统筹规划、合理设置，要适当提高实验室的现有规模。实验室建设要做到建筑设施、仪器设备、技术队伍与科学管理相互配套，使之成为实验设施完善、实验装备精良、实验队伍整齐、实验教材先进、图书资料完善的现代化开放式教学实验室。

教学实验室任务

第五条　承担生物科学、生物技术、制药工程（生物制药）、药物制剂、化学生物学（理科实验班）计划内本科生实验教学；承担全校非生物类生命科学基础实验教学；承担全校本科生生命科学设计创新实验教学；承担生物科学、生物技术、生物制药等专业本科生第二学历教育的专业基础和专业实验教学；承担本院研究生实验教学；承担高校师资培训；承担高新企业技术人员培训。

第六条　根据本学院人才培养目标，确立实验教学整体方案，建立科学实验教学体系、内容和方法；组织专门人员重新编写适合实验教学改革的实验教材、教学大纲、指导用书，编制和引进多媒体教学课件，制作网络课程和实验教学视频录像。

第七条　根据实验教学新体系改革的需要，完成实验室管理体制的改革。

第八条　根据实验教学体制改革的需要，制定实验中心的管理制度，保证新的实验教学体系顺利实施。

第九条　建立实验室的开放与管理的运行机制，扩大实验室的受益面。

第十条　完成实验中心仪器设备的管理、维修、计量及标定工作，使仪器设备经常处于完好状态。

第十一条　完成实验教学师资队伍建设，建立课程实验教学梯队，安排实验指导人员，保证高质量完成实验教学任务，并制定相应的培训计划和培训方案。

第十二条　建立实验教学质量评估评价体系，保证人才培养质量。

第十三条　实验中心应不断进行实验教学和实验室建设研究工作，不断总结经验，不断改进。

第十四条　努力提高实验教学质量，切实加强学生基本实验技能的培训和综合素质的培养。同时，通过实验教学培养学生理论联系实际的学风、良好的实验习惯、团结协作的精神、吃苦耐劳的毅力、严谨的科学态度、创造思维和创新能力，把教书育人贯穿于实验教学的始终。

第十五条　教学实验室要与科研实验室建立良好互动关系，教学实验室在完成教学任务之外，为科研教师提供科研所需条件，吸引科研教师承担实验教学任务；科研实验室有责任承担本科生的设计创新实验和本科生毕业论文（毕业设计）；教师将科研成果中适合本科生教学的学科前沿项目引入到实验教学中，提高实验项目水平。通过教学实验室和科研实验室的良性互动，教学和科研相长，调动师生参与实验的积极性，为教师、研究生和本科生创造条件，以确保高效率、高水平地完成实验教学和科学研究任务。

第十六条　实验室在完成教学或科研任务的前提下，创造条件开放实验室，面向学生，面向社会，积极开展社会服务和技术开发，充分发挥人力、物力的作用，挖掘仪器设备的潜力，努力提高利用率，并积极开展学术、技术交流活动。

教学实验室建设

第十七条　教学实验室的建设与发展规划，要纳入学科建设的总体规划，要充分考虑环境、仪器设备、人员结构、经费投入等综合配套因素，按照立项、论证、实施、监督、竣工、验收、效益考核等"项目管理"办法的程序，由院、学校和教育部统一管理、全面规划。

第十八条　教学实验室的建设要按计划进行。按照国家级实验教学示范中心的建设标准，多方筹措资金改善实验教学条件。无论在实验设备配置，还是在实验项目设置以及人员配备、结构调整等方面均应按改革后的教学体系、建设方案和建设目标进行。

第十九条　加强教学实验室环境条件建设，实验室学生人均使用面积不低于$2.5m^2$，实现安全环保达标率为100%，真正体现以人为本。

第二十条　加强实验课程体系建设，在改善和加强宏观层次实验建设的同时，重点加强细胞水平和分子水平层次实验的建设。

第二十一条　实验室的建设和改造，不仅考虑房屋、设备、附属设施等物质条件，而且还应该考虑实验技术人员和管理人员的配套。各级领导要注重实验技术人员和管理人员业务素质的提高，通过培训、自修等多种渠道提高他们的素质以适应科学技术发展的需要。

第二十二条 实验室建设要讲求效益。避免重复建设和仪器设备的重复购置，不搞"小而全"。仪器设备的购置，应按计划办理，认真选型，注意配套和安装条件，尽快发挥效益。精密、贵重和大型仪器设备的购置，必须进行购前可行性论证，由学校采购中心集中招标采购，并对其进行机时定额考核合同化管理，设立贵重仪器开放基金，建立起良好的运行机制，实现资源的协作共用，以发挥其投资效益。

第二十三条 积极创造条件，搭建开放式的教学实验室和大学生科技创新实践教育基地平台，以适应创新型人才培养的需要。

实验室体制

第二十四条 教学实验室由学校审批，独立建制，实行校院二级管理。

第二十五条 教学实验室实行主任负责制。教学实验室根据学科发展，将基础教学实验室、专业实验室和校内实训基地资源整合，建立实验教学中心，中心设主任 1 人，副主任 1 或 2 人，均由学校任命。全面负责中心的建设规划、管理、实验教学安排和人员聘任与考核工作，负责实验室工作人员、实验物品、实验经费、实验教学等的调配与监控工作。

第二十六条 教学实验室主管部门由学校教务处和资产与实验室管理处分管。教学实验室的资产、实验教学经费、实验人员定编与岗位培训、工作业绩考核和奖惩、晋级及职务评聘工作由资产与实验室管理处负责管理；实验教学、实验教学改革研究和成果鉴定工作由教务处负责。

第二十七条 设立教学实验室工作委员会和实验教学督学委员会，工作委员会由实验中心主任、经验丰富的教师、实验技术和管理方面的专家 3~5 人组成，负责对实验室建设与发展规划、实验教学大纲的修订、精密贵重仪器设备的购置、人员聘任制等重大问题审议、咨询和决策。督学委员会负责实验教学计划的执行、检查、监督、指导和教学质量评估工作。

实验室管理

第二十八条 教学实验室除了严格遵守国家、教育部、学校等有关管理法律法规外，还应结合教学实验室工作情况制定相应的具体管理办法。同时，建立"精"、"细"、"实"和现代化管理手段相结合的管理模式，确保人才培养方案的顺利实施。

第二十九条 实验中心物资管理。实验室的所有物资（包括仪器设备、实验器材、低值易耗品、材料、办公家具等）均由实验中心主任指派专人管理，并建账、建卡，做到账、卡、物一致，并实行计算机管理。实验室的物资根据实验教学的需要，由实验中心主任随时调配，以保证实验教学工作的顺利进行。

第三十条 实验中心人员管理。被实验中心聘任的工作人员，要认真完成实验中心的实验教学和管理任务，严格遵守实验室的各项规章制度，履行实验中心的工作规程，积极参加实验教学改革和实验室建设，并应服从实验中心主任的调动，一切服务于实验教学。按照《高等学校实验教师岗位责任制》、《高等学校实验技术人员岗位责任制》、《高等学校实验人员工作考核细则》和实验室的管理制度等细化各项管理，责任落实到人。每年对实验室工作人员的工作量及技术水平进行总结评比和表彰。

第三十一条　实验中心资金管理。实验中心的建设经费、实验教学经费和创新实验经费等由实验中心主任和院主管财务院长统一管理。仪器设备、实验材料和教学相关用品，根据实验教学的需要，由实验中心指派专人负责统一购买和管理，并及时录入计算机建账。实验中心经费要专款专用，否则按违反财务制度处理。购入设备、实验材料等先入账，由实验中心主任复查签字后，方可到财务部门办理报销手续。

第三十二条　实验教学管理。实验中心要按照改革后的实验教学体系从事实验教学活动，建立学生实验成绩评定办法和成绩管理数据库，制定实验教学相关文件，组织实验教学检查和实验教学质量评估工作。

第三十三条　加强实验教学研究的管理。组织实验中心工作人员积极申报各种教改项目，鼓励、支持各类教改项目的成果尽快应用到实验教学中，并建立实验教学研究档案和计算机管理档案。

第三十四条　实验室安全及环保管理。教学实验室要严格遵守国务院颁发的《化学危险品安全管理条例》及《中华人民共和国保守国家秘密法》等有关安全保密法规和制度，定期检查防火、防爆、防盗、防事故等方面安全措施的落实情况。要经常对师生开展安全保密教育，切实保障人身和财产安全。实验中心成立安全及环保检查小组，由实验中心常务副主任担任主任，由实验室日常管理人员负责实验室的安全及环保工作。各实验室管理人员要每日检查一次，实验中心主任每两周检查一次，确保实验室的环境和安全达标率为100％。实验室管理人员的工作表现和工作成绩将记入本人工作档案，作为提职晋级和奖金发放的考核内容之一。做好环境的监督和劳动保护工作，对高温、低温、辐射、病菌、噪声、毒性、激光、粉尘、超净等对人体有害的环境，要进行技术安全和环境保护部门检查认定。凡不符合认定条件的实验室，要停止使用，采取措施，限期进行技术改造，落实管理工作。待重新通过检查合格后，才能投入使用。严格遵守国家环境保护工作的有关规定，不得随意排放废气、废水、废物，不得污染环境。当实验项目有可能对环境造成污染时，应在实验开出前向相关管理部门提交详细情况说明，经采取必要措施后方可进行实验。

第三十五条　教学实验室的档案管理。建立实验室各种资料管理档案，做到科学化、规范化，并保持档案资料的连续、完整，及时为学校或上级主管部门提供实验室的准确信息，为以后实验室的建设提供可靠的依据。

第三十六条　实验中心实行计算机管理。实验中心实行信息管理现代化，其中信息部分包括：实验室基本信息；经费信息；人员的信息；物资信息；实验教学信息；实验室开放信息；学生实验管理信息等。

第三十七条　实验室的开放管理。制定实验室开放实施程序、管理办法，确保实验室开放有序进行。

第三十八条　教学实验室评估体系。按照《高等学校实验室评估指标及评分标准》和《国家级实验教学示范中心建设标准》，定期对实验室进行评估，改善条件，加强管理，提高效益。

实验室工作人员

第三十九条　实验中心工作人员必须拥护党的领导，坚持四项基本原则，热爱本职工作，认真履行岗位职责，努力完成实验室各项工作。

第四十条　教学实验室工作人员包括：实验中心主任、实验教师、实验技术人员、助教研究生、技术工人和管理人员。各类人员要有明确的职责分工。要各司其职，同时做到团结协作，积极完成各项任务。

第四十一条　实验中心主任。应由具有较高思想政治觉悟，有一定的专业理论修养，有实验教学或科研工作经验，组织管理能力较强的相应专业的具有高级职称的人员担任。

第四十二条　实验教师。根据实验教学课程数、参加实验的学生数、实验教学工作量等配备相应的实验教师，并建立实验课程梯队，一般应有副高职以上职称教师作课程建设负责人。

第四十三条　实验技术人员。根据实验教学工作量、实验室仪器设备数量和价值等，合理折算后确定实验技术人员编制人数，实行聘用制。

第四十四条　助教研究生。每学期根据实验教学需要，择优聘任研究生作实验课程的助理教师，并制定相应应完成的实验教学工作量。

第四十五条　技术工人。教学实验室根据工作性质，可将技术性要求不高的工作由技术工人完成。

第四十六条　管理人员。根据教学实验室的管理工作量，可配备 1 或 2 名秘书，承担实验中心文字、实验教学安排、信息化管理等工作。其余工作可由实验技术人员兼职。

第四十七条　教学实验室工作人员实行聘任制。将教学实验室的工作详细划分的各个岗位，由实验室工作人员申报、竞聘，实验室工作委员会考评，确定每个人的工作岗位和职责。

第四十八条　实验中心各类人员的职务聘任、级别晋升工作，根据实验室的工作岗位设置、本人工作成绩和学校有关规定执行。

第四十九条　实验中心要定期开展工作评估检查、评比活动，对成绩显著的个人进行表彰和鼓励；对违章失职或因工作不负责造成损失者，进行批评教育或行政处分，直至追究法律责任。

附　　则

第五十条　本规程适用于教学实验室及在实验室从事实验教学的教师、助教研究生、实验技术人员和管理人员。

第五十一条　本规定如有与上级主管部门规定相抵触的条款，按上级主管部门规定执行。

二、教学实验室使用管理规定

教学实验室是学校实验教学工作的重要支撑和保障。为活化实验室的资源，提高实验室的使用效率，保证实验教学改革的顺利进行，充分发挥教学实验室在人才培养中的作用，结合我校生物学教学实验室的实际情况，制定本使用管理办法。

第一条　教学实验室是从事实验教学的场所，是培养高科技人才的基地。因此，教学实验室要全面服务于实验教学工作，要把教师和学生的实验教学工作放在首位，要把培养具有实践能力和创新能力的人才作为工作重点。

第二条　实验中心所属各种资源，均由实验中心主任根据教学和科研的实际需要，随时调整实验室的功能，调动仪器设备、家具和材料，安排各种实验教学活动，随时调整实验室的管理人员和实验室工作人员等。

第三条　进入开放实验室工作的人员由实验中心统一安排、协调，不经实验中心主任批准，任何人不得收纳实验室以外任何人到实验室进行各种活动。如发现私自收纳外来人员开展各种活动，实验中心将追查责任人。

第四条　各实验室的管理人员，要切实负起所管理实验室的安全、卫生、物品、花卉、人员、钥匙、各种记录、实验室改造和维修等管理和建设责任。每天都要巡视、检查所管理实验室的安全、卫生、人员和物品，做好各项记录。如因管理不当造成一切后果由管理人员负责。

第五条　各实验室不经管理人员同意，不得随意搬动各种物品（包括室内搬动和拿到室外）；物品调动时，必须由实验中心主任签发"物品调动通知单"，管理人员做好调动交接记录，修改管理数据库相关信息，并提交给相关管理人员和档案室备案。

第六条　各实验室管理人员要针对不同实验室制定出相应的管理办法（如无菌室使用管理规定、细胞培养室管理细则、动物室管理细则、低温冷库使用管理规定、GMP实验室管理规定、灭菌室管理规定等），责任落实到人，并严格执行。

第七条　各实验室物品发生损坏、丢失要及时向管理人员汇报，管理人员负责追查损坏、丢失原因，按规定提出处理意见，并向实验中心主任汇报，确定处理意见。如未及时报告或未查出损坏、丢失原因，由管理人员负责赔偿。

第八条　各实验室物品（包括小件仪器设备、低值易耗品、材料、各种试剂等）

不得长期囤积，两个月内不使用的（包括大实验室教学不用的物品）要及时返库，以活化各种资源，提高使用效率，避免重复购置而造成的浪费。实验中心主任不定期抽查，如发现有物品囤积情况，将视情节予以通报批评或更换管理人员。

第九条　各实验室及仪器设备均为教学和科研服务平台一部分，任何人不得以任何借口不让实验教师、学生使用实验室及仪器设备；但使用人必须征得管理人员同意，严格按各实验室的管理规定使用，确保实验室及物品安全。如有物品损坏要及时与管理人员联系，等待处理意见；如使用人不按各实验室管理规定执行，管理人员有权停止使用人以后使用该实验室及物品。

第十条　不经管理人员同意任何人不得私自打开实验室门及使用室内物品（已批准进入开放实验室工作的本人所在研究室除外），否则造成的后果由开门人负责。若使用人自己实验室有的物品（坏的和不好用的物品，要追紧维修），其他实验室管理人员有权不予借用。管理人员同意使用的实验室和物品，使用人要管理好，不得随意敞门离开，否则管理人员有权停止使用人以后的使用。

第十一条　实验室任何物品（包括仪器及配件、电脑及打印机、家具、低值易耗品、材料、试剂、花卉等）不经实验中心主任批准不得外借或拿到实验楼外；如必须外拿，需经实验中心主任签字后门卫才放行。如私自将物品外借或拿到实验楼外，一经发现将严加处理。

第十二条　进入实验室工作人员需穿着工作服；实验室要经常保持室内清洁卫生（包括实验台、水池、试剂架、地面、墙面、窗台、仪器表面、门框、废品回收桶、药品柜等）；物品摆放整齐；不得存放与实验无关的杂物；空瓶、废液瓶、垃圾等要及时处理。

第十三条　实验室必须做好以防火、防盗、防毒、防污染为主的安全管理工作。实验室内禁止吸烟，不准从事与实验无关的其他活动。做实验使用明火期间，实验操作区内不得离人。

第十四条　管理人员每天离开实验室前必须对室内的水、电、煤气等进行安全检查，并填写实验室安全日志，确认安全后方可离开。

第十五条　以上规定有与上级主管部门和国家有关规定相抵触的，按上级主管部门和国家规定执行。

第十六条　本规定自公布之日起执行。

三、仪器设备和器材管理细则

为加强实验中心仪器设备的管理和使用，提高设备的使用效率，保证实验教学工作的顺利开展，根据教育部和高等学校关于实验室仪器设备管理等有关规定的要求，特制定本管理细则。

第一条　实验中心所有仪器设备和器材，在学校主管部门和主管实验中心的院长领导下，由实验中心指定副主任负责统一管理（包括：建文件档案、计算机数据库、仪器卡片、订购审批、检查验收等工作），并根据实验教学的需要统一调配。

第二条　采购、验收：实验室工作人员根据实验教学要求提出申请，实验中心主任根据仪器设备总体情况进行审核，确定仪器设备的型号、配置，指派专人上报到学校主管部门进行招标、采购；到货的仪器设备由实验室组织人员进行验收和使用培训，并建立设备配件和技术文件的档案及计算机管理数据库。

第三条　仪器分布：除公用设备和大型仪器设备安放在仪器室外，其余仪器设备及器材根据实验教学需要安放在各实验室。

第四条　管理：

（一）实验中心的全部仪器和各大型仪器设备由实验中心主任指派专人监管，各实验室的仪器由实验室管理人员负责管理。

（二）每台设备建立文字管理档案（含技术资料、验收情况、运行情况、维修情况等）和计算机管理数据库。

（三）各实验室建立仪器信息簿（仪器基本信息、调动情况记录）。

（四）每台仪器根据使用要求分别建立使用记录，随时记录使用情况。

（五）全部仪器设备统一编号，实行条码管理。

第五条　配件管理：各仪器配件均由仪器设备管理人员统一管理，由实验中心建档并实行计算机数据库管理。

第六条　使用：

（一）各实验室仪器负责人，制定本人所管理仪器设备的标准操作规程和注意事项等，经塑封后摆放在仪器设备旁边。实验中心主任组织实验室人员将每种仪器设备的标准操作规程和注意事项等汇编成册，每学期开学初借给学生使用。学生在每学期初（前三周）利用实验室开放时间，进行本学期使用仪器设备训练，并执行"仪器使用证"制度。

（二）根据教学需要，仪器设备由实验中心统一调动，仪器设备一律面向实验教学，并实行对外开放，实验教学使用仪器设备、器材均由各实验室管理人员统一编号，学生也对应分组编号（每台仪器、器材均要落实到每个学生），仪器、器材损坏或丢失按实验中心《仪器设备、器材损坏丢失赔偿的管理办法》执行。各管理人员不得以任何理由拒绝实验教学使用仪器设备。

（三）学生使用仪器设备前，仪器负责人必须对学生进行严格的操作技术培训，经考查合格者，发给"仪器使用证"。取得"仪器使用证"者，才可直接操作使用专项仪器设备。在仪器设备使用中，如仪器损坏，必须及时上报实验室主管人员，查清原因，做好事故记录，并提出处理意见，同时上报实验中心主任审批。损坏仪器不报者，一经查出，按《仪器设备、器材损坏丢失赔偿的管理办法》加倍处罚。

（四）各实验室管理人员要负责学生仪器设备、器材使用记录的监督、检查，发现不按时填写记录者要及时通报。

（五）学期末要做好仪器清查和归位工作。各实验室仪器负责人要根据仪器条码记录，及时做好仪器清查工作，对自己管理的仪器、器材进行收缴和归位。

第七条　维护和维修：

（一）对于需要特殊保养的仪器设备，要按要求及时保养（如彩色打印机、紫外检测系统需要定期开机；灭菌设备、制冷设备等需除水、除霜；制水设备、提取设备需要清洗；膜过滤设备、高压液相柱要求冲洗等）。

（二）若仪器设备出现故障，实验室仪器设备管理人员要及时登记并组织工程师维修，自己能解决的故障要求当天解决；不能当天解决的要及时向实验中心主任书面汇报，并等候主任指示。保修期内的仪器设备不许擅自拆封修理；技术要求高、专业性强的仪器设备要请专业人员修理。

（三）及时填好仪器维修记录，并录入计算机数据库。

第八条　报废：年久失修设备需要报废，由各实验室仪器负责人提出申请，实验中心主任组织专家审核；对于较贵重仪器设备（10 万元以上），由管理人员提出申请，实验中心主任组织专家审核，学校组织专家论证，上报资产与实验室管理处审批。实验中心的全部设备和器材，个人无权私自处理，一经发现按学校规定处罚。

第九条　各实验室仪器管理负责人，要相互协作，服从实验室主任统一调配。各实验室的管理人员，年终由实验室主任根据对设备、器材管理好坏，写出考核意见，存入本人档案，作为评定职称或晋级的重要内容之一。

第十条　每学年对全部仪器设备使用和管理进行评估。

第十一条　本细则如与上级部门抵触，按上级主管部门规定执行。

第十二条　本规定自公布之日起执行。

四、贵重精密仪器设备管理办法

根据教育部《大型精密仪器管理办法》、吉林大学《贵重仪器设备的管理办法》和《贵重仪器设备效益考核办法》等有关规定，结合大型仪器设备的使用特点，特制定本管理办法。

第一条　凡是单台（件）价值在 10 万元以上，或成套单价在 5 万元以上，实验中心均视为大型贵重仪器设备。

第二条　贵重精密仪器设备的使用范围。实验中心贵重仪器设备在满足本科生的实验教学基础上，为提高仪器设备的使用效率，发挥贵重仪器的功能，可对科研和社会有偿测试或服务。

第三条　贵重精密仪器设备必须派专人负责，专人管理。

第四条　贵重精密仪器设备要建立技术资料档案，包括仪器自带的说明书、装箱单、合格证、光盘和全部软件等技术资料。

第五条　制定贵重精密仪器设备标准操作规程及使用注意事项，并塑封后摆放在仪器旁边，以便随时查阅。

第六条　严格填写贵重精密仪器设备使用记录。

第七条　要定期对仪器设备的性能、技术指标进行校验和标定，对精度和性能降低的仪器要及时进行修复。

第八条　要建立贵重精密仪器设备的维修记录和维修资料档案及其维修的计算机管理档案。

第九条　除本科生实验教学外，要制订对外测试收费标准。所收费用由学校财务部门统一管理，并根据有关部门规定将其中大部分经费返还给有关实验中心用于补偿仪器设备的运行、消耗、维修及支付必要的劳务费用。

第十条　贵重精密仪器设备的使用、维修、管理的工作人员必须经过培训和考核，经发给"仪器使用证"后方可上机操作，并建立相应的岗位责任制和管理办法。

第十一条　根据《高等学校贵重仪器设备效益年度评价表》每学年对贵重精密仪器设备使用效益进行考核，并建立效益考核计算机管理档案。

第十二条　实验中心每年进行一次设备使用效益和管理评比，并表彰奖励先进。对利用率低，使用效益差的设备，实验中心对此进行通报并扣发设备管理人员奖金，或更换专管人员。

第十三条　对于未按其职责要求，对仪器设备管理不善，造成仪器设备及配件流失、损坏、闲置者；发生事故隐瞒不报，造成严重后果者；不服从指导、不遵守操作规程，造成仪器设备损坏者；擅自拆改设备者；私自出租出借设备者，视其情节和造成的后果分别承担不同赔偿、处罚或追究责任。

第十四条　本办法如果与上级部门规定相抵触，按上级文件执行。

第十五条　本办法自公布之日起实施。

五、仪器设备、器材损坏丢失赔偿管理办法

为了加强物资管理工作，维护设备、器材（实验台、实验凳、实验柜、低值易耗品、贵重玻璃仪器和实验材料等）的完整及安全有效使用，避免损坏和丢失，保证实验教学工作的顺利进行和实验教学改革的进一步落实，特制定本管理办法。

第一条　对实验中心所属的仪器设备、器材要实行层层负责制。按照实验中心对各实验室管理人员、管理人员对实验教师、实验教师对学生进行逐级落实责任。

第二条　凡使用仪器设备者必须按照标准操作规程执行，遵守管理制度。凡因责任事故造成仪器设备、器材的损坏或丢失，除对责任人进行批评教育外，还要责令其赔偿物资损失。

第三条　凡管理、使用仪器设备时，由于下列主观原因造成的责任事故，给国家财产造成损失者，均应赔偿。

（一）违反标准操作规程者。

（二）在使用、管理过程中粗心大意，不负责任，工作失职者。

（三）野蛮装卸、搬运、乱扔乱放，造成损失者。

（四）其他因不遵守规章制度等主观原因造成设备、器材损坏或丢失者。

第四条　除实验教学需要由实验中心主任批准实验室内部调用的仪器设备和器材外，任何人不得将仪器设备借出实验室，对擅自挪作私用的应立即追回，如有损坏丢失，一律按现价赔偿。有意做假和隐瞒损失者，加重处理。

第五条　由下列客观原因造成仪器设备的损失，经有关负责人证实和现场鉴定确认，经实验中心主任批准，可不予赔偿。

（一）因仪器本身的缺陷引起的损坏。

（二）使用年久，在正常使用时发生的损失。

（三）经实验中心主任批准，采用新的实验操作方法试用、运行或检修，虽经采取措施，仍未能防止的损失。

（四）因意外客观原因（如发生火灾、被盗、突然断水、断电、停气等）而造成的损坏或丢失，经有关人员论证确认非本人责任者。

第六条　凡属于责任事故造成仪器设备、器材损坏或丢失，其损失价值可按以下原则计算赔偿：

（一）操作不当造成玻璃仪器和小型低值仪器配件损坏或丢失的，按原价 20％赔偿，10 元以下的按 100％赔偿。

（二）操作不当造成大型仪器损坏，根据损坏程度，赔偿仪器修理费。若修理费较高，根据实际情况交 100 元以上修理费。

（三）对贵重仪器配件和适于个人使用的生活用品损坏或丢失时，视情节酌情赔偿 20％～50％。

第七条　如实验过程中发生仪器设备、器材损坏或丢失的事故，实验教师要查明原因，重大事故要及时上报实验中心、学院、主管部门。如因实验教师在仪器设备使用中，没有事先教授学生使用方法和注意事项，而造成实验仪器设备损坏者，或者仪器设备损坏没有查明原因和责任人者，实验教师要承担责任。

第八条　实验中心主任随时抽查仪器的使用情况与完好率，实验人员应及时汇报仪器的损坏与赔偿情况。

第九条　出现责任事故需要赔偿时，要填写仪器设备损坏丢失赔偿处理单一式五份，由实验室管理人员提出处理意见后转交资产与实验室管理处核定，由赔偿责任人到财务部门办理交款手续。

第十条　对于不能按期交付赔偿费的学生，不给实验成绩。

第十一条　以上规定有与上级主管部门和国家有关规定相抵触的，按上级主管部门和国家规定执行。

第十二条　本办法自公布之日起实施。

六、实验材料、低值易耗品管理办法

作为实验中心物资组成部分之一的实验材料、低值易耗品，也是实验中心物资管理工作的重要内容。随着实验中心的发展，多渠道经费的投入，使实验材料、低值易耗品的种类、数量相应增多，如何加强实验材料和低值易耗品的管理，使之真正在实验教学中发挥其应有的作用，是各教学实验室面临的难题。为了杜绝实验材料的积压、浪费、损坏率过高、遗失等问题，同时引导师生树立节约意识，增强责任意识，保证教学和科研的安全、顺利进行，结合本实验中心建设和管理具体情况，对实验材料和低值易耗品制定以下管理办法：

第一条　本管理办法所指的材料和低值易耗品是指：凡不属固定资产标准，如单价在500元以下的低值仪器设备；200元/台（套）以上的工具、量具、容器、消耗性物品（玻璃仪器、化学试剂、生化试剂、实验动物、微生物菌种和细胞）等。

第二条　采购

（一）审批

实验课用实验材料、低值易耗品，每学期末各实验室根据教学计划提出下一学期所用材料名称、数量、规格和厂家，实验教师与实验室管理人员核对实验室库存数量后，需要补充的物品填写《实验材料申请单》后，由实验中心主任审批后交材料采购人员；设计创新实验所用材料和用品，由领用人填写《实验材料申请单》后，实验教师根据实验方案和进度确定使用的必要性和使用数量的准确性后签字，由领用人所在实验室管理人员核对该实验室是否有库存，确定需新进数量后签字；每周三由实验中心主任审批签字后，交材料采购人员。

（二）购买

1. 材料采购人员对各实验室管理人员提交的采购计划进行汇总，并与库管人员核对实验中心库存后，确定新购数量，生成《实验材料采购单》方可购入。对于总价超过2万元的由采购中心统一招标采购，并由资产与实验室管理处组织验收后方可入库。

2. 常规实验材料和易耗品一般在使用前一周购入，易燃易爆等危险品在使用前2个小时购入，原则应是用多少购多少；进口材料和标准品应提前2个月提出申请订购。

第三条　管理

（一）库房管理

1. 实验材料、低值易耗品入库由实验中心主任指派专人统一管理。

2. 实验材料、低值易耗品购入后，由库管人员对供应商验收、签字、入库、建账，并录入计算机管理数据库。

3. 库管人员每个月要向实验中心主任提交一份实验材料购入、消耗、库存报表；

每学期末提交一份学期实验中心实验材料购入、消耗、库存、存放位置报表；采购人员每学期末向中心主任提交每个实验项目的成本报表。

4. 贵重、剧毒和放射性物品的使用和管理必须采用双人双锁制，建立明细账，做到领用、消耗逐项记录。剧毒试剂的使用过程更应严格控制和监督，对其领、用、剩、废、耗的数量必须详细记录，空容器必须专门处理。原则上有两位管理人员现场监督使用和处理。

（二）各实验室管理

1. 实验材料和低值易耗品，各实验室均应建账和建立计算机管理数据库，随时录入各种购入、消耗、库存及其他实验室调用的实验材料信息。

2. 各实验室学期末，要及时查对上报各种实验材料和低值易耗品的购入、消耗、二级库存报表，并与库管人员核对，统计每门实验课的成本。

（三）使用管理

1. 实验材料、低值易耗品的使用实行领用签字制度，领用人对库管人员、实验管理人员对领用人、学生对实验教师等逐级签字。

2. 货到后库管人员及时入库，并填写《实验材料入库单》和录入信息管理系统，及时通知实验室管理人员签字领取，将出库信息录入管理系统。如不能当时在库管人员电脑录入管理系统，不许出库。

3. 实验室管理人员将领用的物品及时录入该实验室的二级管理数据库。

4. 剧毒和放射性物品的领用应由实验中心主任再次确认审批，指派两名管理人员和领用人员签字，限量发放。

5. 对于多次使用的材料要由实验室管理人员负责管理，随用随取，不得一次性交给学生。

6. 各实验室所领取或申购的材料、低值易耗品，只限应用于实验教学，不准移为科研或随便送人，实验中心指派专管人员，要随时记录消耗和结存，便于实验中心随时组织抽查。

7. 领用工具、低值仪器仪表、一些控制物品和贵重稀缺物资时，必须由实验中心主任审批，指派专人负责管理，不得外借。

8. 对于在实验室进行设计创新实验和毕业论文的学生，离开实验室前，相应实验室管理人员要及时收回各种物品，并确认后签字，实验中心主任确认后，方可批准办理离开实验室手续。

（四）特殊管理

1. 需要更换的物品：玻璃仪器（如烧杯、量筒、三角瓶、试剂瓶等）、低值易耗品（如乳胶手套、线手套、毛巾、实验服、塑料制品、毛刷、试剂盒、小型仪器等）有增补的，由采购人员和库管人员确认实物是否损坏，并收回后，方可增补。对于已用完的生化、分子生物学、细胞生物学等实验用品及酶制剂、标准品等比较贵重的物品，必须用盛装该试剂的空瓶子来换药品，否则不予以发放相应的实验材料。

2. 单价在 50 元以下（含 50 元）材料，由各实验室管理人员管理使用；单价在 50 元以上材料，必须由库管人员管理使用；单件 1～25g 包装的药品，单价在 50 元以上需由库管人员管理，100 元以上的贵重药品由库管人员和材料采购人员双人管理（二人同时在才可使用），采取用多少称量多少的管理办法。

3. 实验用耐耗材料（如玻璃制品、铁制品等单价超过 50 元）实行借用制度，到库管人员处填写物品借用申请登记簿后方可领用。

4. 对于 2 个月内使用不上（大实验教学常用物品除外）的小件仪器、玻璃仪器、材料、药品等，实验室管理人员必须负责组织交到库房，做好返库手续，做好数据库的信息更新，需要时再领取。

5. 对于各种层析柱、填料等，必须经实验中心主任亲自审批后方可购入和领用。

6. 对剧毒品和放射线的使用过程应予严格控制和监督，对其领用、剩、废的数量必须详细记录，剩余部分要及时退库。盛危险品的空容器、变质料、废液渣，应予以妥善处理，并做好处理记录，严禁随意抛弃。

第四条　检查

实验中心每学期将不定期地组织抽查 3 次、检查 2 次，对学生实验材料的使用将采取抽查某一材料领取、使用记录和结余的数量，对每次抽查和检查结果进行通报。

第五条　责任

（一）实验教师：实验教师是提出所需实验材料的第一责任人，关系到实验材料采购种类和数量的确定。为了提高实验教师对此项工作的重视程度，规定对于实验教师如不能认真审核实验用品的必要性和使用数量的准确性，要赔偿造成损失的 1/3。

（二）实验室管理人员：实验室管理人员是对所管理实验室实验材料的使用、管理，关系到本实验室需补充实验材料的数量和本实验室的实验材料是否积压、浪费。为了增强实验室管理人员的责任意识，发挥管理人员在实验材料管理中的主力作用，如不能认真核对实验室物品的库存和及时返回库房而造成积压、浪费和流失，视情节予以批评和相应的赔偿。

（三）材料采购人员：材料采购人员负责实验中心实验教学需要的全部实验材料的供应，关系到实验中心采购的实验材料的数量的多少和质量的好坏，关系到实验教学能否顺利进行。为了使材料采购人员树立全局意识、服务意识和责任意识，对实验材料采购人员如没有认真核对现有库房库存，造成积压、损失，视情节予以批评和相应的赔偿。

（四）库管人员：库管人员关系到实验中心所进实验材料能否安全、科学的管理，关系到实验中心所购实验材料能否及时应用到实验教学中，满足实验教学需要，关系到实验中心勤俭节约思想的贯彻执行情况。为了使库管人员始终树立安全意识、服务意识和责任意识，对库管人员如没有按规定发放给相应的实验室管理人员而私自发放给学生，没有按规定管理相应的物品（如易燃易爆危险品、该随时称量没随时称量、没有按药品性质保存、没有严格按更换手续更换等），视情节予以批评、赔偿等相应的处理。

（五）学生：学生是实验材料的直接使用者，关系到使用的安全、环保和实验的成本。为了教育学生树立安全意识、节约意识和管理意识，对学生如没按方案使用材料、能做小量实验而做大量实验、能配制少量试剂而配大量试剂、须随配随用的试剂而没有及时使用、随意将材料转送他人、没有看管好自己领用的物品等，造成的浪费和流失，视情节予以批评和要求相应的赔偿。

（六）实验中心主任：实验中心主任是实验中心实验材料管理的第一责任人，关系到整个实验中心实验材料的管理水平。为了实验中心实验材料管理规定落到实处，确保实验材料满足实验教学的需要，对于实验中心主任没有严格把好审批关、没有按时抽查和检查、没有及时处理，而造成的不良后果，由实验中心主任进行相应的赔偿或承担相应责任。

第六条　赔偿

实验教学的目的既是培养学生能力，又是教育学生提高综合素质。作为实验教学用的实验材料的管理，也要引导、教育师生积极参与管理，高度重视节约，树立责任意识，避免实验材料的损失和浪费。为此，实验中心规定低值易耗品和贵重材料被人为丢失或损失，要严格计价赔偿，具体参照"玻璃器皿使用管理及丢失损坏赔偿规定"执行。

第七条　报损和报废

低值易耗品和材料的报损、报废参照《吉林大学仪器设备报损报废处理办法》执行。

第八条　各级管理人员调动、调出或离退休，要主动及时地办理和交清个人保管的设备、材料及相应的管理账目，并与相应管理人员核对确认，经本实验室主管人员签字，由实验中心主任审核后，方可办理离岗手续。

第九条　实验室搬迁，或低值易耗品及材料调用，要及时核对账目，并做好转接手续。

第十条　实验中心要随时了解掌握各实验室的材料、低值易耗品的保存和使用情况，要求各实验室要注意节约，对工作成绩显著的管理人员，给予表扬和奖励，并将业绩记入工作人员工作档案，作为提职、晋级的重要内容之一。对工作不负责任，或违反制度的失职人员，应根据情节轻重及本人对错误的认识态度，适当批评、处罚或处分。

第十一条　以上规定有与上级主管部门和国家有关规定相抵触，按上级主管部门和国家规定执行。

七、玻璃器皿使用管理及丢失损坏赔偿规定

玻璃器皿本身特性决定其容易破损，师生树立严谨认真的工作态度、加强责任意识的培养尤为重要。为了加强玻璃仪器的完整、安全和有效使用，避免损失和丢失，

保证实验教学工作的顺利进行和实验教学改革的进一步落实，特制定本管理规定。

第一条　人人参与管理，对实验中心所属的玻璃器皿要实行层层负责制。实验中心对实验室管理人员；实验室管理人员对实验教师；实验教师对学生。

第二条　学生损坏玻璃器皿应及时填写"损坏报告单"，须经所在实验室管理老师签字确认，实验中心主任批准后，按第五条规定赔偿。

第三条　损坏、丢失玻璃器皿时，由于下列主观原因造成的责任事故，给国家财产造成损失者，均应赔偿。

（一）在使用、管理过程中粗心大意，不负责任，工作失职者。

（二）乱扔乱放，造成损失者。

（三）其他因不遵守规章制度等主观原因造成玻璃器皿损坏或丢失者。

第四条　由下列客观原因造成玻璃器皿的损坏，经有关负责人证实和现场鉴定确认，经实验中心主任批准，可不予赔偿。

（一）因器皿本身的缺陷引起的损坏。

（二）使用年久，在正常使用时发生的损坏。

（三）因意外客观原因（如发生火灾、被盗等）而造成的损坏或丢失，经有关人员论证确认非本人责任者。

第五条　玻璃仪器赔偿本着教育、引导、提醒为主，以师生树立责任意识和严谨认真态度为原则，凡属于责任事故造成玻璃器皿损坏和丢失，按以下原则计算赔偿：

原价：10 元以下　　　　　　　赔偿：100％
原价：10.01～50.00 元　　　　赔偿：80％（最低为 10.00 元）
原价：50.01～100.00 元　　　赔偿：60％（最低为 40.00 元）
原价：100.00 元以上　　　　　赔偿：50％（最低为 60.00 元）

第六条　如实验过程中发生玻璃器皿损坏或丢失的事故，实验教师要查明原因，重大事故要及时上报实验中心。如因实验教师在玻璃器皿使用中，没有事先教授学生使用方法和注意事项，而造成玻璃器皿损坏者，或者玻璃器皿损坏没有查明原因和责任人者，实验教师要承担责任。

第七条　除实验教学需要由实验中心主任批准内部调用的玻璃器皿外，任何人不得将玻璃器皿借出实验室，擅自挪用的应立即追回，如有损坏丢失，一律按现价赔偿。有意做假和隐瞒损失者，则加重处理。

第八条　实验中心组织随时抽查玻璃器皿的使用情况，实验室管理人员应及时汇报玻璃器皿的损坏情况。

第九条　责任事故，需要赔偿时，要填写玻璃器皿损坏丢失赔偿处理单一式三份，由实验室管理人员和实验材料采购人员提出处理结果后，提交实验中心主任核定，由赔偿责任人到实验中心材料管理部门，按第五条规定赔偿。

第十条　对于不能按期交赔偿费的学生，不给予实验成绩。

第十一条　以上规定有与上级主管部门和国家有关规定相抵触，按上级主管部门和国家规定执行。

八、实验教学检查与评估细则

实验教学检查

第一条　成立由学院党政领导为组长，教学副院长及实验中心主任为副组长，热爱教育事业、责任心强、有丰富的教学经验及管理经验的老教师、实验督学和教学秘书为组员的督导组。全面负责实验教学检查与评估工作。

第二条　每学期学期初、学期中和学期末进行实验教学的定期检查和不定期的抽查，对任课教师实行听课制度，并做好听课记录。

第三条　各部门主管领导、中心主任每学期对每门实验课程至少听课一次，中心组织专家督导组随机听课。

第四条　实验教学检查内容：

文件管理：有教学大纲、教学计划、学生实验守则、实验习惯评定标准、实验成绩评定方法等各种实验教学管理文件。

教学任务：教学安排和学生分组表。

实验教材：有自编实验教材或实验指导书。

实验项目管理：每个实验项目有电子课件等。

实验考试或考核：有科学、合理的考试或考核办法。

实验报告：规范整洁，有存档。

实验研究：有实验研究和成果。

每组实验人数：基础课 1 人/组，技术基础课 2 人/组，有些实验项目不能 1 人（或 2 人）完成的，以满足实验要求的最低人数为准。

实验公开课：每学期不定期举行公开课的活动，开展实验教学经验交流和研讨等。

仪器设备管理：仪器设备的固定资产账、物、卡相符率达到 100%。

低值耐用品管理：单价低于 500 元的低值耐用品的账物相符率不低于 95%。

仪器设备的维修：仪器设备的维修要及时，保证实验的顺利开展。

仪器设备完好率：现有仪器设备（固定资产）完好率不低于 80%。

精密仪器大型设备管理：单价 5 万元以上的仪器设备要有专人管理和技术档案，每台年使用率不低于 400 学时。

教学实验常规仪器配置套数：每个实验项目的常规仪器配置套数不低于 5 套。

岗位职责：有实验室主任、实验教师、实验技术人员岗位职责，专职实验技术人员每人有岗位日志。

培训计划：实验室有合理有效的师资培训计划，并落实到人。

管理制度：有物资、安全、工作档案、人员管理、信息收集整理制度。

实验指导教师：实验前指导教师须做预实验，有预实验记录，对首次上岗的实验指导教师有试讲要求。

实验学生：检查学生在实验过程中出现的各种问题，发现问题及时处理，通报批评或表扬。

第五条　定期召开督导组会议，交流督导工作经验。

第六条　每次实验教学检查后，认真填写检查记录，及时通报情况，以便实验教学的改进。并于学期末交实验中心档案室统一管理。

实验教学效果评估

第一条　教学督导组对实验中心的领导、实验教师、实验学生实施督导。每学期学期初、学期中和学期末进行实验教学的定期检查和不定期的抽查。

第二条　实验教学效果评价方式：

（一）实验中心定期组织同行专家进行评价，并填写相关评价表格。

（二）实验教学督学定期组织召开与实验课程有关的指导教师、研究生助教、辅助教师及学生代表座谈会，听取其意见和建议。

（三）每学期期末督学定期组织学生统一填写相关实验课程的综合问卷。每学期督学定期对外保的研究生进行跟踪调查反馈。

（四）学生可以随时到实验中心网站进行相关实验课程的网上评价。

第三条　每学期期末，实验教学督导组根据实验教学效果评价方式对实验教师工作进行综合评估，评价结果与其职称晋升、奖金分配等挂钩。并依据"实验教学工作量核算办法"计算工作量。

第四条　督学把每次的实验教学评价作出书面总结报告，提出整改建议反馈给实验中心，中心审核后提出处理意见。

第五条　对在学生反馈中不满意率（大样本统计）高于 30% 的实验教师，以适当的方式予以提醒；对不满意率高于 50% 的教师，经督导组调查实验教学质量确有问题的，暂停其担任实验课指导资格，经培训由同行教师和学生评价合格后，才能重新担当指导。

第六条　在实验教学过程中出现较大影响的教学事故，将在职称晋升评定中予以单项否决，暂停评聘学术职务一次，并建议学校给予行政处分。

九、实验教学试做试讲制度

为加强实验教学管理的科学化、规范化和制度化，提高实验教学质量，保证实验教学的顺利进行，特制定教师新开实验课试做试讲制度。

第一条　经双向选择确定为实验课指导教师，如新开实验课或者开新实验课，必须在开课前进行试讲，成绩合格者，方可开课。

第二条　试讲一般在开课前一个月安排。

第三条　试讲由实验中心安排，由 5～7 人组成专家小组进行听课，其中要求各职称教师均参加，同时还要有学生参与听课。

第四条　试讲内容由实验中心组织安排，于试讲前通知开课教师。

第五条　试讲要求运用多媒体等现代化教育技术进行。

第六条　试讲后由专家组进行打分，成绩为优秀、良好、中等、及格和不及格五个档次，要求在良好以上视为通过。

第七条　专家组组长要为试讲教师给出综合评价。

第八条　试讲要有详细的记录存档。

第九条　每个实验前要求实验教师组织相关的助教研究生做预实验，并作好预实验记录，经过检查达到实验课要求，方可上实验课。

第十条　试讲记录、预实验记录要及时交档案室存档。

十、学生实验习惯评定标准

为保证实验课的正常秩序，培养学生良好的实验习惯，养成严谨的科研品质，提高学生的综合素质，特制定实验习惯评定标准 21 条。实验习惯成绩占本门实验课程总成绩的 10 分，以扣分形式计分，扣除满十分者，视该科实验成绩为不及格，具体规定如下。

第一条　没有接受实验室安全、节约、环保教育或实验安全等考试不合格者，禁止上实验课。

第二条　实验课迟到、早退者，扣 1～2 分。

第三条　无故缺席实验者，扣 3 分。

第四条　不穿实验服做实验者，扣 1 分。

第五条　不写实验记录者，扣 1 分。

第六条　实验结束后，使用的玻璃仪器没冲洗干净者，扣 1 分。

第七条　向水池扔有堵塞下水道的废物者，扣 2 分并罚款拾元。

第八条　使用仪器设备未按要求操作造成仪器损坏者，根据损坏的实际情况扣 2～5 分，并按仪器损坏赔偿制度处以相应罚款。

第九条　使用煤气灯、酒精灯、电炉等不注意造成实验台面损坏或使用强酸、强碱等溶液腐蚀实验台面者；使用分光光度计时，将比色皿放在仪器台面上，使台面腐蚀、污染者扣 5 分并给予相应罚款。

第十条　使用仪器后不填写仪器使用记录者，扣 1 分。

第十一条　不参加实验室布置的大扫除或值日生工作不认真者，不整理实验所使用的仪器和实验台面者扣 1 分；不参加值日生工作者，扣 2 分。

第十二条　实验操作过程中，不按操作要求移取公用试剂造成试剂污染，影响自己和别人实验结果者，扣 5 分并赔偿相应试剂费用。

第十三条　没有经过教师允许，擅自开抽屉、柜子者，扣 1 分。

第十四条　实验课堂中接听手机、手机铃声发生响动者，扣 1 分。

第十五条　对实验中心布置的实践教学活动不参加者，扣 1 分。

第十六条　找人代做实验者，扣 3 分。

第十七条　篡改实验数据、结果或抄袭实验报告者，扣 1～5 分，并取消该次实验成绩。

第十八条　扰乱课堂秩序者，根据情节，扣 5～10 分。

第十九条　其他违反实验室有关规定者，根据实际情况作出相应的处理。

第二十条　道德品质不好者，实行一票否决制，取消实验成绩、拒绝其进实验室。

第二十一条　对实验习惯表现突出者给予 1～5 分的奖励。

十一、学生实验守则

为了顺利完成实验任务，确保人身、仪器设备的安全和实验室的环境卫生，使学生能够养成良好的实验习惯，达到全面提高学生综合素质的目的，特对进实验室实验的学生特制定如下守则。

第一条　实验前须参加安全、环保、节约教育和基本技术培训。使用仪器要凭仪器使用合格证方可使用，教师准许使用的仪器设备，必须严格按其操作规程操作。如有损坏或丢失，立即向老师报告，等待处理。

第二条　实验前必须充分预习，熟悉实验内容。明确实验目的与要求，理解实验原理，掌握实验操作方法及有关注意事项。

第三条　上课不迟到、不早退。进入实验室须换实验服，应服从教师指导，在指定位置做实验。

第四条　严守实验课堂纪律。不得在室内喧哗、打闹；不得吸烟、饮食、随地吐痰、乱扔纸屑和其他杂物；不得将与实验无关的物品带入实验室；不得将实验室物品带出实验室；不得在实验台和仪器设备上乱写乱画。

第五条　严格按分组要求使用实验用品和仪器设备，保管好自己负责的实验台、实验凳和玻璃仪器等，如有损坏或丢失，应立即报告；任何与本次实验无关的仪器设备和药品等不经指导教师许可，不得动用。

第六条　实验过程中要节约实验材料和各种化学试剂等实验用品，并严格避免各种试剂的交叉污染。

第七条　实验操作时要认真操作，细致观察，及时记录，原始记录真实完整，实验后应请指导教师检查数据。

第八条　实验做完后，要将仪器、物品、实验凳和实验药品等放回原处；将玻璃器皿刷洗干净，实验台面收拾整洁，经实验教师允许后方可离开实验室。

第九条   按规定认真书写和上交实验报告。实验报告要层次清楚、字迹工整，数据处理科学，讨论要具体深入。

第十条   积极参加实验中心组织的实验讨论和设计实验，有意识地培养自己的分析问题和解决问题的能力、创新意识和科学思维。

第十一条   值日生要最后检查实验室物品的摆放是否整齐，彻底打扫实验室的环境卫生，仔细检查水、电、气是否关闭，认真填好值日生工作日志，经管理老师批准后，方可离开实验室。

十二、实习教学管理细则

第一条   实习教学的基本要求

校内实训基地实习的基本要求按照实验中心的各项管理规定执行；野外实习与生产实习的基本要求如下：

（一）实习前

1. 必须参加实习动员会和相关知识讲授，明确实习的目的、地点、内容与要求及环境背景。

2. 认真阅读实习教学大纲和实习指导书，查阅相关文献资料。

3. 做好实习准备，自备牙具、实验服和必备的相关设施等。

（二）乘车期间

1. 严格按分组乘车，不得私自串乘车辆。

2. 乘车时按原座位乘坐，组长要认真清点人数。

3. 自行保管好随身携带物品。

（三）实习期间

1. 按规定时间到实习场所进行实习，不得迟到、早退，缺席 1/3 者（含病事假）不能参加考核，实习成绩为不合格。

2. 必须严格按分组、规定路线和程序有序进行实习。组长要配合教师组织。

3. 必须逐日写实习记录，简明扼要地记载当日所完成的实习任务和收获，附必要的草图。

4. 以认真求实的精神，虚心向技术人员、工人学习请教，在实践中学习，加强团结，密切合作，在保证完成实习任务的条件下，尽可能地为生产、地方经济建设提出合理化建议。

5. 在实习期间，严格遵守实习单位的有关规章制度，特别是安全、卫生、企业商业机密、操作规程和劳动纪律等方面的制度，不能乱动各种电器开关，如有违反，指导教师视情节给予批评教育、取消实习资格或上报学院给予纪律处分。

6. 在实习过程中，保持高度的安全与防范意识。

（四）生产车间实习以外期间

1. 就餐：按分组就座，不能喝酒；

2. 就寝：按负责住宿教师分配住宿，按规定时间就寝；

3. 不得随意外出，如有特殊情况，必须向教师请假；

4. 注意用电安全；

5. 严禁去江、河、湖游泳，严禁打架斗殴。如违反纪律，经批评教育不改，可令其返回学校，不予评定实习成绩，并视其性质、情节、认识态度给予纪律处分；

6. 要遵守地方法规，爱护公共财物，注意饮食卫生及用车安全，听从指挥，讲文明、礼貌，维护学校声誉。

（五）实习结束后

1. 认真整理实习笔记、及时完成实习总结报告（包括题目、作者姓名、单位和地址、中文摘要、关键词、引言、研究材料与方法、研究结果、讨论和对实习期间个人表现的总结、主要收获与不足、意见和建议等），并按规定时间上交实习总结报告。

2. 按时归还借用实习设施。

第二条　实习手册记录要求

（一）完成实习手册的记录是实习的基本训练，每个学生应学会根据实习内容，准确、完整记录有关动植物的特征、工艺过程、操作要点、有关数据和实习内容要求的各项内容。

（二）通过填写实习手册，能培养学生正确、有效的表达能力，它使学生在对实习中的各种问题归纳总结等方面得到训练和提高，学生实习手册的质量在很大程度上反映了学生的实际观察、动手能力及分析解决问题的能力。所以，要求每个学生必须按规定认真完成实习手册的填写。

（三）实习手册必须逐日填写，笔记要求认真、翔实，简明扼要地记载当日所完成的实习任务和收获，有些要附必要的草图。

第三条　实习成绩考核

（一）学生生产实习完毕后，按照实习要求，根据了解和掌握的内容，独立写出实习报告。指导老师根据学生在实习中态度、出勤情况、组织纪律、内容掌握、实习报告、创新思维等方面进行考核。

（二）成绩分配比例：实习态度占10%、出勤情况占30%、组织纪律占10%、实习手册记录占20%、实习报告占30%。

（三）成绩考核结果分为优、良、中、合格、不合格五个级别。具体评定标准如下。

1. 优秀：能很好地完成实习任务，达到实习大纲规定的全部要求，实习报告能对实习内容进行全面、系统的总结，并能运用学过的理论知识对某些问题加以分析，实习报告格式规范。严格遵守实习纪律，不缺勤。实习手册记录非常认真，内容详细而全面。实习态度积极主动、认真勤奋。

2. 良好：能较好地完成实习任务，达到实习大纲规定的全部要求，实习报告能对实习内容进行全面、系统的总结。实习手册记录认真，内容全面。实习态度端正，实习期间无违纪行为。

3. 中等：能完成实习任务，达到实习大纲规定的主要要求，实习报告能对实习内容进行比较全面的总结。实习手册记录比较认真，内容较为全面。实习态度端正，实习期间无违纪行为。

4. 及格：实习态度基本端正，完成了实习的主要任务，达到实习大纲中规定的基本要求，能够完成实习报告，内容基本正确，但不够完整、系统。实习手册能记录主要内容，但不够全面、系统。实习中虽然有轻微的违纪行为，但能够深刻认识，并及时纠正。

5. 不及格：凡属下列情况之一者，实习成绩以"不及格"论。

未达到实习大纲中的基本要求，实习报告及实习手册记录马虎潦草或有明显错误者；实习期间无故旷课或参加实习不足总时间的 2/3 者；严重损害学校声誉、影响企业与学校关系、打架斗殴者或严重违法乱纪，触犯刑法者。

十三、实验中心主任岗位职责

为保证实验教学改革的顺利进行，完成实验室建设任务和建设目标，并达到世行贷款"高等教育发展"项目和国家对教学实验室管理的要求，对教学实验室主任特制定岗位职责。

第一条　负责编制教学实验室建设规划和计划以及上级主管机关要求起草的各项文件。并组织实施和检查执行情况。

第二条　全面负责教学实验室的实验室、人员、仪器设备、物资等协调和统筹安排实验教学工作。

第三条　负责实验教学课程体系的建设，组织教师制定实验教学计划、设计实验项目、编写实验教学大纲、实验教材、实验指导用书和多媒体课件建设。搞好教学实验室的实验教学和科学化管理，贯彻、实施有关规章制度。

第四条　负责教学实验室信息化管理手段建设，加强教学实验室规范化、现代化和科学化的管理。

第五条　负责教学实验室的实验教学改革的研究工作。组织实验教学人员，把科学研究的最新成果应用到实验教学中来，更新实验内容，改革实验教学方法，承担各级教学研究项目，把教改成果应用到实验教学中。

第六条　负责明确教学实验室工作人员分工和岗位责任的落实、检查及年终考核工作。组织安排中心实验教学人员的培训及考核工作。

第七条　全面负责教学实验室实验教学用仪器设备、器材、物资等申购、领用的审批工作和实验经费的使用审批、检查、监督工作，并及时建卡、建账，实行计算机管理。

第八条　负责教学实验室文明建设，抓好工作人员和学生思想政治教育。

第九条　负责实验教学、安全卫生、人文环境、工作进展的检查、总结和评比活动。

十四、实验教师岗位职责

为确保实验教学工作的顺利进行，充分发挥实验教师在实验教学中的作用，提高实验教学质量和加强实验教学改革的力度，培养适应 21 世纪生物科学发展要求的高素质的创新人才，对实验教师特制定本岗位职责。

第一条　为人师表，以学生为本，把知识传授、能力培养和素质提高贯穿于实验教学中。

第二条　实验教师要根据实验教学计划，积极参加编写实验教学大纲、实验教材、实验指导用书，编制和引进多媒体课件（含电子教案、CAI 网络课件等）。

第三条　实验教师要注意教学方法的研究，努力提高实验教学水平，深化实验教学改革，优化实验内容，设计和安排新实验，开设新实验，确保实验内容的系统性、完整性和先进性。学期初，要配合教学实验室作好新学期实验教学计划，设计实验题目（标明原开、改造、新开的实验题目和数量）等教学工作。

第四条　认真完成实验教学工作。

（一）实验前

1. 提前一周将本学期所开实验需要的仪器、材料、试剂（包括配制）等交给实验技术人员准备。

2. 首次上岗的教师，要试讲、试做和亲自处理数据；新开实验或改进实验要先做好预实验。

3. 为了节省实验时间，给学生充分的时间预习，提高实验效果，一律实行实验前一周统一讲授（含实验相关理论、原理、操作、注意事项等），并要求学生作好实验预习。

4. 讲授实验全部采用多媒体课件或电子教案，指导教师于讲授前把电子课件交到教学实验室现代信息化管理室。

（二）实验中

1. 实验教师必须佩带名签，提前 5 分钟到实验室。

2. 实验前进行预习效果考核。

3. 根据学生预习考核的情况，重点强调学生考核中出现的问题，并就实验的关键问题和注意事项对学生提问，同时注意给学生更多自主实验时间。

4. 监督和指导学生正确使用仪器，作好运行记录。

5. 认真、详细、及时地记录学生平时实验操作情况，实事求是给出平时成绩。

6. 要严格执行实验教学计划，严禁私自串课、停课，保持实验教学秩序稳定。

7. 在实验教学时一律关闭手机等通信设备。

（三）实验后

1. 实验结束后负责督促学生归还仪器设备、玻璃仪器、材料和试剂等实验用品，并与实验室管理人员交接，同时作好交接记录。

2. 督促值日生检查水、电、煤气等是否关闭，并要求值日生做好值日工作和填好"值日生登记簿"。教师实事求是地填好实验室工作日志。

3. 实验后要及时组织学生进行实验讨论，认真解答学生提出的问题。

4. 实验报告要求实验后 7 天内交给指导教师，指导教师在收到实验报告后 7 天内批完并返给学生。实验教师要认真批改实验报告，要注明学生实验报告中存在的具体问题，杜绝只写分数，不写评语。

5. 实验教师在实验成绩考核过程中要做到公平、公正、合理，实验成绩要基本符合正态分布。

6. 指导教师在指导完所带实验后两周内把实验成绩单和实验平时计分册交到实验中心。

第五条　负责向学生讲授实验室的要求和学生实验守则。教育学生爱护实验室的仪器和物品，养成良好的实验习惯，使学生一进实验室就有一种责任感。

第六条　检查并记录学生的出席情况，对迟到学生要求认真填好"迟到自签簿"。

第七条　严格遵守教学实验室的有关规章制度，协助做好教学实验室的科学管理工作、安全和卫生工作及教学实验室的建设工作。

十五、实验技术人员岗位职责

为配合好实验教师开展实验教学活动，保证实验教学工作和实验教学改革的顺利进行，对从事实验教学的实验技术人员特制定本岗位职责。

第一条　积极参加教学实验室的建设与管理，认真完成教学实验室主任下达的各项工作任务。

第二条　实验技术人员要积极参加实验教学改革研究工作，协助教师作好学生实验技术的指导工作。

第三条　掌握实验室的仪器设备和有关实验的基本知识与操作方法，努力提高实验技术水平。

第四条　认真完成实验教学工作。

（一）实验前

1. 应事先与指导教师沟通，提前准备好实验所需的仪器设备、实验材料和试剂等实验所需用品。

2. 安排好学生实验位置，列好实验用品清单，对进实验室的学生责任落实到人

（如实验用品、仪器、仪表、玻璃仪器、实验台、实验凳等均要编号，按实验组落实到每个学生）。向学生介绍实验室有关要求和实验习惯扣分标准。

3. 对特殊物品、药品作好登记和保管工作。

4. 负责对实验室仪器的操作规程和注意事项的制定工作，并负责对学生所用仪器操作的培训和仪器使用证的发放工作。

（二）实验中

1. 实验技术人员要提前 10 分钟到实验室。

2. 实验过程中不能擅自离开岗位，要随时帮助学生解决实验过程中遇到的仪器设备、实验材料和试剂等实验用品问题，保证实验的正常进行。

3. 认真纠正学生实验过程中对仪器设备使用错误，及时指出、记录学生不良的实验习惯，实事求是给出学生实验习惯学分。

（三）实验后

1. 安排好值日生，使环境清洁、物品摆放整齐。认真检查水、电、气是否关闭，并记好工作日志，方可离开实验室。

2. 做好仪器设备的收缴工作，并负责损坏、丢失物品的赔偿与收缴工作。

3. 做好仪器设备维护、保养、修理工作，保证仪器设备处于良好的状态。

4. 对特殊药品、材料、废液做好处理工作。每学期结束后作好仪器设备、材料的清理和核对工作。

第五条　做好实验室的仪器设备、配件、器材、低值易耗品、材料、仪器说明书及图书资料的管理工作，作到账、物、卡相符。

第六条　负责新进仪器设备的验收、安装、调试工作。并建立仪器设备档案和编制仪器设备的信息管理数据库，落实计算机管理制度。

第七条　努力完成教学实验室主任交给的实验技术管理和实验室开放管理工作。

第八条　填好实验技术人员工作日志，包括工作内容、安全、环境检查情况及教学实验室建设情况等。

十六、研究生助教岗位职责

研究生参加实验教学活动对于动手能力、组织管理能力、语言表达能力和综合运用知识能力等是一次全面锻炼的机会，能够使教师必备的素质得到锻炼，使综合素质得到提高，对以后从事教学、科研和技术产业工作都有很大的帮助，为此特制定了研究生助教岗位职责如下。

第一条　管理方法

（一）实习时间：研究生参加教学实习时间是进实验室后，采用研究生自报和教学实验室统一安排相结合的方法进行。报名时间在每学期期末放假前两周填写"研究生教学实习申请表"。教学实验室根据实验教学需要统一安排参加实习的具体时间和实验题目，并且通知给研究生本人。

（二）工作范围：研究生助教课前要主动与实验教师沟通，熟悉助教的相关内容，并认真备课，写好备课笔记。研究生必须参加实验的准备、试做、试讲和指导实验，试讲优秀者，可独立指导实验。

（三）学时要求：研究生参加实验的教学实习要求 40 学时以上，可跟随教师一起指导，也可独立指导。跟随教师一起指导的无学时费；独立指导实验（试讲优秀者）有学时费。

（四）成绩评定：研究生参加实验教学实习作为一门必选课，同样有成绩，成绩分为优秀、良好、及格、不及格（不参加实验教学实习者为不及格），不及格者不予毕业。

（五）纪律要求：研究生参加教学实习过程中，视为助教，必须严格要求自己，为人师表，遵守教学实验室的各种规章制度。

（六）鼓励开新实验：研究生可根据自己的特长和教师的科研成果为本科生开设新实验，协助指导设计创新实验。经教学实验室采纳后，给予学时奖励。

第二条　研究生教学实习工作量计算方法

研究生教学实习工作量计算，原则上在 40 学时内的不计工作量。对于能独立指导实验，或为学生开设新实验和设计实验，并通过教学实验室评估后为优秀的研究生，给予计算工作量。工作量按吉林大学教师教学工作量方法计算。

第三条　研究生教学实习成绩评定

研究生先填好成绩评定表，实验教师根据研究生指导实验的具体情况给出成绩，成绩分为优、良、及格和不及格，优、良和及格计 2 学分，不及格没有学分并重新安排时间进行实验教学实习。再由实验中心主任签署意见。

第四条　以上条款有与上级相抵触之处，按上级文件执行，并及时加以修改。

十七、教学实验室经费管理办法

实验室经费是保证高校进行正常实验教学、科研和实验室建设的财力支撑，是推动学校素质教育的经济基础。当前，许多高校实验室经费不足，严重地影响实验教学工作的顺利开展，阻碍素质教育的进程。鉴于当前高等学校实验室经费的现状，必须采取行之有效的管理手段和方法，从而最大限度发挥实验室经费的作用，达到有效的促进高等学校实验室建设和实验教学质量提高的目的。对此，结合我们实验中心的经费情况，对实验室建设经费、实验教学经费、创新实验经费和仪器维修费等制定了相应的管理办法。

第一条　教学实验室建设经费管理

（一）教学实验室建设经费使用范围

教学实验室建设经费主要用于实验室改造、仪器设备购买、安全设施添置、实验教材建设、教学文件和管理档案建设、信息平台建设等。同时，要根据教学实验室建设立项要求严格确定使用方向。

（二）教学实验室建设经费使用管理

1. 根据实验室建设的总体规划和各级下拨的实验室建设经费指标，严格按计划项目和财务管理制度执行，保证专款专用。本实验中心实验室建设经费来源主要有世界银行贷款、"211"工程、"985"工程和学校配套等经费支持 2000 多万元，经费使用根据教学实验室建设的总体规划严格按立项要求使用。

2. 教学实验室建设经费按项目管理办法实施：通过立项、审批、检查、验收等程序，经费使用时，根据项目批准计划，统一由采购办招标，验收后由中心主任审核签字、主管部门领导签字，方可拨付费用。

第二条　实验教学经费的使用管理

（一）实验教学经费的开支范围

实验教学计划内的实验耗材、药品、实验动物及小型低值器材等。实验室相关设施（水、电、通风、门、窗、台、凳等）的维护维修及配套、改造。校园网络运行维持以及各类耗材。实验教学区文化建设。

（二）实验教学经费的开支管理

1. 实验教学经费是用于实验教学必需品的专项经费，必须严格按学校和实验中心管理规定使用经费，专款专用。

2. 实验教学经费由实验教学中心根据实验教学计划和实验项目的实际应用情况，集中管理，统一使用，避免不必要的开支和重复购置。

3. 每学期末，各实验项目教师和管理人员，提出下学期实验所需费用计划，经过中心主任审批后，由专门人员采购。

4. 实验教学经费使用过程中，要随时录入 LIMS，管理秘书每学期通过 LIMS 统计每个实验消耗成本，将实验教学经费使用情况汇总，形成使用报告，中心主任及督学组织检查。

第三条　创新实验经费管理

（一）创新实验经费的开支范围

创新实验经费的开支包括国家大学生创新实验计划项目、学校大学生科技创新计划项目和本科生研究机会计划项目、实验中心学生自主设计创新实验项目等项目实施过程中用到的实验材料、文献资料等费用。

（二）创新实验经费的使用管理

1. 国家大学生创新实验计划项目经费，严格按国家大学生创新性实验计划项目的管理办法执行，学生在项目实施中，根据计划书中的预算提交实验材料申请单，由指导教师确认使用的必要性和使用数量的准确性后，再由中心主任审核签字后购买。

2. 学校大学生科技创新计划项目和本科生研究机会计划项目经费，严格按学校项目和财务管理规定执行，学生在项目实施中，先提交实验材料申请单，由指导教师确认使用的必要性和使用数量的准确性后，再由中心主任审核签字后购买。

3. 中心设立的学生自主设计创新实验项目经费，学生先提交实验材料申请单，由指导教师确认使用的必要性和使用数量的准确性后，再由中心主任审核签字后购买。

4. 各项创新实验经费严格按照计划批准经费额度开支，并保证专款专用。

第四条　实验教学设备维修经费管理

（一）实验教学设备维修经费的适用范围

实验教学设备维修经费要严格用于实验教学仪器设备的维修、小型配件的配备。

（二）实验教学设备维修经费的使用程序

1. 实验教学设备维修经费由学校资产与实验室管理处统一管理使用。

2. 设备维修经费的使用程序：由各仪器负责人提出维修申请，中心主任审核签字，教务处主管领导审核确认是教学设备后签字，报到资产与实验室管理处组织专家对设备鉴定、审批、维修。维修费用由资产与实验室管理处会同实验中心验收合格后统一支付。中心将维修情况和经费使用情况记录交的档案室存档。

十八、实验教学有关文件存档规定

每学期实验教学结束后，有关老师按清单目录将相关材料交到档案室存档，并与档案管理员作好交接记录。为了使实验教学有关资料及时归档，实验中心全体人员参与档案建设工作。实验教学档案建设涉及的人员有实验教师（含助教研究生）、实验技术人员（兼各门课程教学秘书）、研究创新实验教学秘书、实验教学督学、图书档案管理秘书、仪器与信息化管理秘书、实验材料供应秘书、行政秘书等，多为兼职。并明确了每个人应归档文件要求。

第一条　实验教师（含助教研究生）每学期末应存档资料

主要包括实验课件、预实验记录本、研究生实验教学实习成绩评定表、实验教学大纲、实验原理与技术试题库及答案、实验操作试题库及答案、实验平时成绩记分册、实验操作成绩单、实验报告成绩单及审批记录、实验原理与技术考试成绩单、实验操作考试成绩单、设计实验成绩单（设计实验申请书）、实验总成绩单、实验总成绩分析表、实验教师手写教案、实验教师电子教案、实验课程要览、实验课程自评报告、吉林大学本科教材选用方案论证书、实验课程信息卡。

第二条　实验技术人员（兼各门课程教学秘书）每学期末应存档资料

主要包括实验教学进程表、教学日历、实验教学安排、实验教师任课通知书、实验原理与技术讲授安排、学生实验分组表、实验用品申请单、仪器使用证、学生迟到自签薄、实验室开放记录本、值日生工作完成登记本、废弃物处理记录本、仪器使用记录本、研究生实验教学实习申请书、设计实验申请书、实验报告、实验原理与技术考试安排、实验操作考试安排、实验习惯成绩单、实验理论考试通知书、实验操作考试通知书、实验室药品、材料统计表、实验室玻璃仪器统计表、实验室仪器设备统计表、实验室家具统计表、大型仪器设备效益表、实验教师工作量统计、实验室工作日志、学生病（事）假条、调课、串课通知单、仪器借用申请登记簿、学生实验成绩加分审批单、实验材料领取、消耗和结余统计表。

第三条　研究创新实验教学秘书每学期末应存档资料

主要包括设计创新实验记录本、设计创新实验合同书、设计创新实验师生讲评安排表、学生设计创新实验室安排表、设计创新实验中期汇报安排表、设计创新实验论文统计表、设计创新实验成绩汇总表、设计创新实验奖学金评比结果表、设计创新实验获奖情况统计表。

第四条　实验教学督学每学期末应存档资料

主要包括实验教学过程检查记录、每次上岗和新开实验教师试讲记录、实验室安全、环保和实验习惯考试试卷及成绩统计表、学生座谈记录、领导及专家听课记录、学生必修、选修实验信息反馈及统计分析表、学生设计创新实验信息反馈及统计分析表、助教研究生指导实验信息反馈及统计分析表、外保送研究生信息反馈及统计分析报告、同行信息反馈及统计分析报告、外来人员视察和参观交流接待工作及签名留言、学生通报材料、环境与安全周检查记录。

第五条　图书档案管理秘书每学期末应存档资料

主要包括实验中心各种奖杯、证书、发表论文、申请专利、图书资料购入、借阅统计表。

第六条　仪器设备管理秘书每学期末应存档资料

主要包括仪器设备的采购计划和采购合同、仪器设备分配和验收单、仪器设备维修记录、仪器设备的使用效益统计报表、信息化建设统计表、现代化教学手段开发与应用统计表、仪器设备调动统计表。

第七条　实验材料供应秘书每学期末应存档资料

主要包括实验中心实验材料购入、领用和库存统计表、实验材料费结算、统计报表、实验废弃物处理记录、每两周向中心报一次实验材料购入、领用、库存统计报表工作。

第八条　行政秘书每学期末应存档资料

主要包括实验中心工作计划、相关职能部门下发文件、上报各级职能部门的材料、各种经费使用情况统计表、工作总结报告、对外交流情况统计、各类项目执行情况统计表。

十九、实验室开放管理规定

为了充分利用实验室的资源优势，鼓励学生在课余时间参加课外科技创新活动，提高实验室的开放率和仪器设备的完好率，保证实验室开放安全、有序进行，特制定本管理规定。

第一条　开放实验室学生签署"设计创新实验协议书"后，方可进入实验室进行实验。

第二条　实验时须严格遵守"学生实验守则"、"学生实验习惯评定方法"、"开放实验材料消耗管理"、"开放实验室程序"、"仪器设备使用管理规定"等各项规章制度。

第三条　开放实验室学生必须填写"实验室开放记录簿"，并穿实验服。

第四条　严格遵守实验操作规程，履行安全防水、防火、防燃和防爆措施，对没有安全保证的实验坚决禁止进行。要树立安全第一的思想，保证实验室的绝对安全。

第五条　指导教师要认真审核设计创新实验所需的仪器设备、实验材料、试剂等，避免浪费。确定后指导教师签字，中心主任审批后，方可购进。

第六条　指导教师要负责审核学生设计创新实验的时间安排，尽可能安排在白天和晚上 10 点前完成，特殊情况要与实验中心联系，到保卫处办理手续，并与实验室值班人员预约。

第七条　实验材料的使用厉行节约，可重复使用的实验材料一定要回收再利用。实验中心组织有关人员按实验的设计方案检查实验材料和经费的使用情况，对实验材料浪费者视情节给予批评教育或停止实验。

第八条　实验过程中玻璃仪器丢失、损坏，按"玻璃器皿使用管理及损坏赔偿规定"进行赔偿；实验过程中仪器设备丢失、损坏，按"仪器设备、器材损坏丢失赔偿的管理办法"进行赔偿。

第九条　进开放实验室实验前，应先参加仪器设备使用培训，并经老师考核合格后方可使用，实验过程中须严格按仪器的操作规程使用仪器，并填写仪器使用记录；实验后，须保证实验仪器、实验台面、试剂架及地面的清洁卫生，并填写值日生工作完成登记簿。离开实验室时一定要关好水、电、煤气和门窗。

第十条　实验中心在设计创新（开放）实验期间，将安排人员轮流值班，有事请与值班教师联系。

第十一条　仪器使用过程中出现问题应立刻报告，并及时维修，保证仪器设备的正常运行；仪器设备不允许擅自借出或搬到其他实验室。

第十二条　设计创新实验如因实验设计不合理或实验操作失误，使实验无法正常进行，实验中心将终止其实验。

第十三条　要有严谨的科学态度和实事求是的科研学风，按"设计创新实验记录的基本规范"认真如实记录；按照"科研论文撰写要求"撰写论文。实验结束后，总结报告或研究论文和实验记录本由指导教师收回，统一返回实验中心备案。

第十四条　严守实验项目的关键技术，不经实验中心允许，不得与企业、科研部门等洽谈与该项目有关的合作。

第十五条　学生设计创新实验取得优异成果者可给予奖励。学校每年评选一批在培养学生创新能力方面成效突出的开放实验项目作为优秀项目，对参加者和指导教师进行奖励。中心设立"创新实验专项奖学金"，奖励设计创新实验成绩突出的学生和指导教师。

第十六条　实验教师指导开放实验项目，可计算相应的工作量。

第十七条　为资助和鼓励实验室开放工作，国家和学校每年设置一定数额的"大学生创新性实验"项目专项基金。学生申报经学校主管部门审定后，可获得开放实验项目专项经费资助。

二十、实验室开放值班管理规定

为了加强开放实验室的管理，保障学生科技创新实践活动的顺利进行，特制定实验室开放值班管理规定。

第一条　认真记录来实验室工作的教师和学生的相关情况。

第二条　认真记录教师和学生使用总控钥匙所开实验室的房间号、时间、使用物品名称。但各教师办公室、图书室、资料室、材料供应室、库房、机房、会议室、多媒体教室等，必须经过管理教师本人同意，方可打开。

第三条　认真记录正在改造或维修的房间号、时间、内容、进展情况。

第四条　认真记录外来人员的相关情况。

第五条　值班人员加强巡视每个实验室的安全情况，重点在学生多的开放实验室巡视，并作好记录。

第六条　对学校、学院的通知要及时认真接收并及时通知到相关人员。

第七条　及时收发当日的报纸信件。

第八条　学生夜间做实验较晚时，值班教师提醒学生结伴回寝，必要时请校园110护送。

第九条　值班时间：夜间值班当日 18:00～次日 7:00；双休日值班当日 8:00～17:00。

第十条　值班结束后，当日值班人员要负责通知下一位值班教师，提醒其值班时间。

二十一、开放实验项目成果管理

为了鼓励大学生科技创新实验取得的成果，规范科学研究成果的管理，特制定本办法。

第一条　本办法适用于所有在实验中心从事科研工作学生所取得科技成果的管理。

第二条　在实验中心所属实验室完成的科研工作，知识产权归实验中心和研究者共同所有。

第三条　不经实验中心主任允许，实验人员不得私自公开发表论文和申报专利，不得与企业、科研部门等洽谈与该项目有关的合作。

第四条　对于可充分体现科技创新能力的高水平成果，实验中心按有关规定给予实验技术成果完成人相应的奖励。

（一）大学生在科技创新实验期间发表论文，自己的研究成果在核心期刊发表论文者每篇奖励 500 元，被 EI 收录者每篇奖励 1000 元，被 SCI 收录者每篇奖励 2000 元；申报专利通过者每个专利奖励 2000 元。

（二）对于完成某项科研成果有突出贡献者，奖励 500～5000 元。

第五条　涉及国家秘密的科技成果，按国家科技保密的有关规定进行管理。

第六条　严格保守技术秘密，严禁违规转移、转让科学技术成果，牟取私利，损害学校的声誉和技术经济权益。一经发现，学校有权按国家及学校有关规定予以处理。

第七条　科技创新实验所取得的技术成果实行登记、备案制度。

第八条　本办法若有与学校规定相抵触，则以学校规定为准。

二十二、创新实验奖学金评定标准

为了奖励在设计（研究）创新实验中取得突出成果的学生，特制定创新实验奖学金评定标准。

第一条　奖学金等级

该项奖学金是高新技术企业为激励本科生创新活动设置的专项奖学金，分三个等级，即：创新实验一等奖学金、创新实验二等奖学金、创新实验三等奖学金。

一等奖学金：每年评选出 2 项，每项金额为 2000 元人民币；

二等奖学金：每年评选出 3 项，每项金额为 1000 元人民币；

三等奖学金：每年评选出 6 项，每项金额为 500 元人民币。

第二条　获奖者应具备的基本条件

（一）热爱祖国，拥护中国共产党的领导，坚持四项基本原则，认真学习马列主义、毛泽东思想和邓小平理论，思想积极要求进步，关心集体，热爱社会工作，主动为同学服务，积极参加公益活动，集体主义观念强；

（二）学习刻苦钻研，目的明确，态度端正，学习成绩优秀；

（三）模范遵守大学生守则，遵守学校、学院的各项规章制度，没有违纪现象发生。

（四）体育课合格，达到大学生体育合格标准。

第三条　获奖者应具备的具体条件

（一）创新实验一等奖学金：平时实验认真，设计（创新）性实验成绩突出。实验习惯分 10 分。实验成绩优秀，在本年级排名前 10 名，单科成绩不低于 85 分。积极参加科学研究并取得显著的科研成果或在国内外重要刊物上（SCI、EI 索引）发表有创见的学术论文，或获得省级以上"挑战杯"、"创业杯"二等奖以上奖励，或申报国家专利。相同条件下发表论文或获奖或专利排名在前优先。外语成绩六级，同等条件下实验特别刻苦，爱护实验室的仪器设备，关心和帮助同学者优先考虑。

（二）创新实验二等奖学金：实验成绩优秀，实验习惯分为 10 分，实验单科成绩不低于 80 分。积极参加科学研究并取得较好的科研成果或在核心刊物上发表文章或申请发明专利或获得校级"挑战杯"一等奖以上。相同条件下发表论文排名在前优先。外语四级、六级成绩优秀者优先考虑；同等条件下，六级优先于四级；积极参加社会活动，表现突出者，热心为同学服务者优先考虑。

（三）创新实验三等奖学金：实验成绩优良，实验习惯分为 10 分，单科实验成绩不低于 80 分。积极参加科学研究并取得较好的科研成果或在公开刊物上发表文章（前三名作者），或获得校级"挑战杯"三等奖以上奖励。相同条件下发表论文排名在前优先。外语四级、六级成绩优秀者优先考虑；同等条件下，六级优先于四级；积极参加社会活动，表现突出者，热心为同学服务者优先考虑。

第四条　评选方式

由本人提出书面申请，班委会推荐，上报实验中心，再由实验中心提出候选人名单，最后由创新实验专项奖学金评审委员会讨论通过。

第五条　管理办法

（一）实验中心成立该项奖学金管理委员会，保证本项奖学金专款专用，公平、公正、合理地使用该项经费。

（二）获奖者须每半年向奖学金管理委员会汇报一次学习情况。

（三）如获奖者在获奖年度内有任何违法违纪现象发生，奖学金委员会有权收回该年度所获全部奖学金，并取消其以后的评奖资格。

（四）该奖学金每年发放一次。

（五）获奖者有义务参加由该项奖学金提供者举办的一些指定学术活动并进行文化宣传。

二十三、化学危险品安全管理细则

为了加强实验中心的建设与管理，确保实验教学安全有序的进行，保障师生和国家财产的安全，使安全环保达标率为 100%。结合国家和吉林大学对化学危险品安全管理办法的有关规定，本实验中心特制定本管理细则。

第一条　本办法所指化学危险品，系指具有易燃、易爆、有毒、致病菌、腐蚀、放射性等性质的固体、液体、气体，不包括一般的化学药品。

第二条　化学危险品的采购要由实验中心主任根据开设实验的需要进行审批后方

可购入。

第三条　购入化学危险品，按实验项目所需材料，随用随购；因特殊原因提前购入的化学危险品及实验结束后结余的化学危险品要放入学校库房中保存原则上不允许存放实验室。

第四条　化学危险品的购入、管理由实验中心指派工作认真、责任心较强、工作作风严谨的人员负责。

第五条　化学危险品购入时必须认真组织验收，严格履行保管和使用手续。临时存放的化学危险品，要由专柜双人双锁管理，使用时要由使用人填写使用申请单，中心主任签字后方可取用。

第六条　化学危险品保管地点应有相应的防火、防爆、防静电、隔离、监测、报警等设施，物品的保管应该科学化，化学危险品要储存在通风、低温、阴凉、干燥的房子内，特别要注意性质相抵触的危险品绝对不能存放在一起。

第七条　加强化学危险品的安全保卫工作，化学危险品管理人员要认真学习保管业务，掌握保管方法和危险品燃烧的灭火知识及其他应急知识。

第八条　对剧毒和放射性物品的出、入库须有精确计量和记载。库存的各类物品，根据原始凭证，及时进行增减记账，定期进行账物核对，严格做到账物相符，并建立计算机管理信息档案。

第九条　采用化学危险品进行实验必须谨慎小心，严格按操作规程进行，做好劳动保护工作，必要时应有人监护。

第十条　实验教学尽可能使用安全菌种，使用后要进行高压灭菌处理。废气、废水和废物要根据种类分别采取适当措施处理，避免污染环境。

第十一条　接触化学危险品、剧毒以及致病微生物等的仪器设备和器皿必须有明确醒目的标记。使用后及时清洁，特别是维修保养或移至其他场地前必须进行彻底的净化。

第十二条　使用化学危险品的地方应备齐急救器材和用品，人员具备消防、急救知识，并有定期检查和培训制度。

第十三条　定期检查，奖优罚劣，严防事故的发生。

第十四条　按国家有关规定处理有毒、带菌、腐蚀性的废气、废水和废物，集中统一处理放射性废物。慎防污染环境。

二十四、安全与卫生管理制度

为确保实验教学和实验中心建设等工作的顺利进行，保障实验中心的安全和卫生，特制定本制度。

第一条　学生进实验室前，必须对学生进行安全教育，并进行安全考核。

第二条　实验室主任全面负责实验室安全和卫生管理，各实验室均应指定专人负责安全和卫生工作，必须加强四防（防火、防水、防盗、防事故）工作，经常做好下列事项：

（一）实验结束后必须认真检查水、电、气是否关闭，检查值日生工作；每天下班前负责检查门、窗、水、电、易燃物品、细菌、剧毒、易燃易爆气体和药品、放射性物品等。

管理好消防安全器具，经常性保持室内整齐清洁。

（二）实验室钥匙的管理应由实验室主任掌握，钥匙的配制、发放要报实验中心备案，不得私自配制钥匙或给他人使用。

1. 严禁在实验室吸烟、进食，不准带与工作无关的外来人员进入实验室、仓库及办公室。

2. 加强用电安全管理，不准超负荷用电。

3. 有贵重仪器设备和计算机等易被盗的房间尽可能安装防盗系统，各实验室安装消防系统。

4. 开放实验室要安装摄像监控系统，以便监督实验室的安全情况。

5. 增强环保意识，力争安全环保达标率为100%，以保证实验人员的安全和健康。

6. 实验室必须根据实际情况，配置一定的消防器材和防盗装置。

7. 发生事故后如实上报损失情况，不隐瞒不虚报，安全事故按国家有关规定处理。

吉林大学国家级生物实验教学示范中心
承担的教学改革项目[*]

序号	项目起止时间/年	项目名称	项目来源	项目经费/万元	项目现状
1	2006~2010	国家级实验教学示范中心的建设	教育部	55	在研
2	2005~2009	"生物学基础实验"国家精品课程建设	教育部	20	在研
3	2006~2007	实验教学信息化建设	教育部	11	在研
4	1999~2003	生物基础实验教学中心建设	教育部	350	结题
5	2006~2008	生命科学仪器使用技术教程	国家"十一五"规划教材	3	在研
6	2004~2007	"国家生命科学与技术人才培养基地"实践教学环节的建设研究与实践	全国教育科学"十五"规划教育部重点课题	1.2	在研
7	2002~2004	开放式生物基础教学实验中心的建立和管理模式研究	全国教育科学"十五"规划教育部一般支持	0.4	结题
8	2006~2009	国家级实验教学示范中心可持续发展的研究	中国高等教育学会"十一五"规划课题	4	在研
9	2006~2007	"生物化学"吉林省精品课程建设	吉林省教育厅	10	结题
10	2003~2005	生物基础实验教学示范中心的建设研究与实践	吉林省教育厅一类项目	0.5	结题
11	2001~2004	生物基础实验教学中心开放式运行机制的研究	吉林省教育厅重点项目	1.5	结题
12	2004~2007	生命科学创新人才培养途径的研究与实践	吉林省教育厅重点项目	1.5	结题
13	2004~2007	生物基础实验教学示范中心建设标准的研究与实践	吉林省教育厅重点项目	1.5	在研
14	2001~2003	开放式生物基础教学实验中心的建立和管理模式的改革	吉林省教育科学"十一五"规划重点课题	—	结题
15	2006~2009	生命科学本科实践教学平台建设和创新型人才培养模式的研究与实践	吉林省教育科学"十一五"规划重点课题	1.5	在研
16	2006~2009	高等学校实验教学创新团队建设的研究与实践	吉林省教育科学"十一五"规划重点课题	1	在研

[*] 承担的教学改革项目共 29 项,其中国家级 8 项,省级 10 项,校级 11 项。

序号	项目起止时间/年	项目名称	项目来源	项目经费/万元	项目现状
17	2006～2009	非生物类专业生物学基础实验课程设置及教学方法改革研究	吉林省教育科学"十五"规划课题	0.5	在研
18	2003～2006	现代教育技术在实验教学和管理中的应用研究	吉林省教育科学"十五"规划课题	0.5	结题
19	2006～2009	国家级实验教学示范中心管理模式和运行机制的研究与实践	吉林大学教育教学改革重大项目	2	在研
20	2001～2003	生物技术实训基地建设	吉林大学实践教学基地建设项目	0.5	结题
21	2001～2003	开放式生物基础教学实验中心的建立和管理模式的改革	吉林大学新世纪教育教学改革工程一类项目	0.5	结题
22	2003～2006	生物基础实验教学示范中心的建立与实践	吉林大学新世纪教育教学改革工程一类项目	0.7	结题
23	2005～2008	生命科学学科本科生创新能力培养模式的研究与实践	吉林大学新世纪教育教学改革第三批立项项目重点项目	1.5	在研
24	2005～2008	生命科学实验教学示范中心建设的研究与实践	吉林大学新世纪教育教学改革第三批立项项目一类项目	1	在研
25	2003～2006	"国家生命科学与技术人才培养基地"实践教学环节的建设与实践	吉林大学新世纪教育教学改革工程二类项目	0.4	结题
26	2003～2006	现代教育技术在实验教学和管理中的应用	吉林大学新世纪教育教学改革工程一类项目	0.5	结题
27	2003～2006	"生物基础实验教学质量评估体系研究"	吉林大学新世纪教育教学改革工程二类项目	0.4	结题
28	2003～2006	"生物基础实验教学示范中心建设标准的研究与实践"	吉林大学新世纪教育教学改革工程三类项目	0.3	结题
29	2001～2003	"成人高等教育开放式生物基础教学实验中心的建立与发展研究"	吉林大学21世纪成人教育教学改革与发展研究一类项目	0.5	结题

附录 IV

吉林大学国家级生物实验教学示范中心
发表教学改革研究论文[*]

序号	论文题目	刊物名称	作者	时间
1	国家级生物实验教学示范中心建设的研究与实践	中国大学教学	滕利荣　孟庆繁　逯家辉　孟　威　程瑛琨　王贞佐　陈亚光	2007 年 7 月
2	高等学校实验教学创新团队建设的思考	中国大学教学	滕利荣　孟庆繁　逯家辉　程瑛琨　王贞佐	2008 年 3 月
3	细处入手　全方位育人	中国教育报	滕利荣	2006 年 10 月
4	Basic Research in Biochemistry and Molecular Biology in China：A Bibliometric Analysis	Scientometrics	TianWei He　Jinglin Zhang　Lirong Teng	2005 年 2 月
5	实验教学示范中心管理模式与运行机制的研究与实践	实验技术与管理	孟庆繁　逯家辉　孟　威　程瑛琨　王贞佐　陈亚光　刘　艳　滕利荣	2006 年 9 月
6	生命科学创新实验教学体系的构建与实践	实验室研究与探索	孟庆繁　周慧　逯家辉　田小乐　王贞佐　程瑛琨　崔银秋　滕利荣	2006 年 12 月
7	生命科学与技术实践教学平台	实验室研究与探索	孟庆繁　王贞佐　逯家辉　程瑛琨　周慧　滕利荣	2006 年 7 月
8	高校基础实验教学质量评估体系的研究	高教论坛	程瑛琨　孟庆繁　刘成柏　滕利荣	2006 年 4 月
9	新形势下如何做好实验中心主任工作	实验室研究与探索	孟庆繁　滕利荣	2007 年 12 月
10	基础实验教学示范中心建设的实践与思考	实验室研究与探索	孟庆繁　陈亚光　王贞佐　逯家辉　程瑛琨　滕利荣	2005 年 5 月
11	现代化教育技术在实验教学中的应用	实验室研究与探索	逯家辉　孟庆繁　程瑛琨　孟　威　滕利荣	2004 年 11 月
12	实验是技能与知识的有机结合	实验室研究与探索	程瑛琨　孟庆繁　郭慧云　滕利荣	2004 年 8 月
13	探索性实验是创新型人才培养的有效途径	实验室研究与探索	孟庆繁　逯家辉　王贞佐　陈亚光　丁天兵　郭慧云　滕利荣　刘兰英	2004 年 1 月

---

[*]　CSSCI 收录 4 篇。

续表

序号	论文题目	刊物名称	作者	时间
14	创建实验教学精品实验室的实践与思考	实验室研究与探索	孟庆繁　陈亚光　王贞佐　逯家辉　林相友　滕利荣	2003 年 4 月
15	高校实验师资队伍建设与培训的几点思考	黑龙江高教研究	程瑛琨　孟庆繁　滕利荣	2004 年 3 月
16	综合实验采用开放式实验教学方式的探索	实验室科学	陈亚光　逯家辉　王贞佐　滕利荣	2004 年 2 月
17	加强示范中心的内涵建设，发挥辐射示范作用	首届全国高等学校实验室工作论坛论文集	滕利荣　孟庆繁　逯家辉　程瑛琨　王贞佐　陈亚光　孟　威　刘　艳	2007 年 7 月
18	开设《生命科学基础实验公选课》的思考与体会	生物学教学	程瑛琨　逯家辉　王贞佐　滕利荣	2005 年 8 月
19	生命科学实践教学环节的建设研究与实践	创新改革与实践（第二集），吉林大学出版社	滕利荣	2006 年
20	生物基础实践教学示范中心建设标准的研究与实践	创新改革与实践（第二集），吉林大学出版社	陈亚光	2006 年
21	生物制药学实验教学改革的实践与思考	创新改革与实践（第二集），吉林大学出版社	王贞佐	2006 年
22	生物基础实验教学示范中心建设的研究与实践	创新改革与实践（第二集），吉林大学出版社	滕利荣　孟庆繁　周　慧　逯家辉　程瑛琨　王贞佐　陈亚光	2006 年
23	生命科学与技术实践教学基地的建设	创新改革与实践（第二集），吉林大学出版社	孟庆繁　王贞佐　逯家辉　程瑛琨　陈亚光　周　慧　滕利荣	2006 年
24	创建生物基础教学实验中心的实践与思考	创新改革与实践（第一集），吉林大学出版社	滕利荣　孟庆繁　陈亚光　王贞佐	2004 年 8 月
25	在实验教学中融入方法论教育	创新改革与实践（第一集），吉林大学出版社	郭慧云　徐淑华　刘兰英	2004 年 8 月
26	创新人才培养的重要途径——生物基础实验教学	高校生命科学基础课程报告论坛文集	张桂荣　孟　威　逯家辉　王贞佐　陈亚光　刘　艳　滕利荣	2008 年 6 月

附录 V

吉林大学国家级生物实验教学示范中心获
各类教学改革奖励与荣誉

(一) 教师获奖（共 63 项，其中国家级 7 项、省级 33 项）

序号	获奖内容	获奖名称及等级	颁奖部门	获奖时间/年
1	教学名师	第三届高等学校教学名师奖	教育部	2007
2	全国模范教师	全国模范教师称号	人事部　教育部	2007
3	生物实验教学中心	首批国家级实验教学示范中心	教育部	2005
4	"生物学基础实验"课程	国家级精品课	教育部	2005
5	创建生物学基础实验精品实验室的研究与实践	教育部第三届全国教育科学研究成果奖三等奖	教育部	2005
6	兽疫链球菌突出株的透明质酸的纯化及表征	第八届"挑战杯"全国大学生课外学术作品竞赛指导教师一等奖	团中央、中国科协、教育部、全国学联、广东省政府	2003
7	FolinB 近红外分光光度法测定维生素 C	第九届"挑战杯"飞利浦全国大学生课外学术作品竞赛指导教师一等奖	团中央、中国科协、教育部、全国学联	2005
8	高校生物基础实验教学中心建设研究与实践	吉林省高等教育省级教学成果二等奖	吉林省人民政府	2004
9	加强示范中心的内涵建设，发挥辐射示范作用	首届全国高等学校实验室工作论坛一等奖	教育部	2007
10	宝钢教育优秀教师	宝钢教育优秀教师奖	宝钢教育基金理事会	2005
11	吉林省教学名师	吉林省"教学名师"奖	吉林省教育厅	2006
12	吉林省教育系统师德先进个人	吉林省教育系统师德先进个人奖	吉林省教育厅	2006
13	生物基础实验教学中心	吉林省教育系统先进集体	吉林省人事厅吉林省教育厅	2007
14	吉林省教育系统先进个人	吉林省教育系统先进个人	吉林省教育厅	2006
15	生物实验教学团队	吉林省优秀教学团队	吉林省教育厅	2007
16	生物基础实验教学中心	吉林省大学生科技创新示范基地	吉林省教育厅	2007
17	创新实验教学精品实验室的实践与思考	中国高等教育学会第六次优秀高教科研论文、专著二等奖	中国高等教育学会	2005
18	生命科学与技术实践教学平台的建设研究与实践	全国高等学校实验室工作研究会优秀论文优秀奖	全国高等学校实验室工作研究会	2006

续表

序号	获奖内容	获奖名称及等级	颁奖部门	获奖时间/年
19		吉林省模范教师	吉林省人事厅	2007
20	生物学基础实验	吉林省精品课	吉林省教育厅	2004
21	现代教育技术在生物学实验教学和管理中的应用	吉林省高等学校教育技术成果二等奖	吉林省教育厅	2004
22	《现代生命科学》网络课程	吉林省高等学校教育技术成果二等奖	吉林省教育厅	2004
23	分子生物学实验网络课程	吉林省高等学校教育技术成果二等奖	吉林省教育厅	2006
24	《生物化学实验》网络课程	吉林省高等学校教育技术成果三等奖	吉林省教育厅	2004
25	遗传学实验多媒体课件	吉林省高等学校教育技术成果三等奖	吉林省教育厅	2004
26	微生物学实验网络课程	吉林省高等学校教育技术成果三等奖	吉林省教育厅	2006
27	生物化学综合大实验网络课程	吉林省高等学校教育技术成果三等奖	吉林省教育厅	2006
28	基础实验教学示范中心建设的研究与实践	吉林省高等教育学会第九届高教科研优秀成果一等奖	吉林省高等教育学会	2005
29	生命科学创新实验教学体系的构建与实践	吉林省高等教育学会第十届优秀成果二等奖	吉林省高等教育学会	2007
30	开设《生命科学基础实验》公选科的思考与体会	吉林省高等教育学会第十届优秀成果三等奖	吉林省高等教育学会	2007
31	高校生物学基础实验教学的改革与实践	吉林省教育科学优秀成果一等奖	吉林省教育科学领导小组办公室	2004
32	开放式生物基础教学实验中心的建立和管理模式的改革	吉林省教育科学优秀成果一等奖	吉林省教育科学领导小组办公室	2004
33	创建基础实验教学精品实验室的实践与思考	吉林省教育科学优秀成果一等奖	吉林省教育科学领导小组办公室	2004
34	探索性实验是创新人才培养的有效途径	吉林省教育科学优秀成果一等奖	吉林省教育科学领导小组办公室	2004
35	现代教育技术在生物学实验教学和管理中的应用	吉林省教育科学优秀成果一等奖	吉林省教育科学领导小组办公室	2004
36	实验是技能与知识的有机结合	吉林省教育科学优秀成果一等奖	吉林省教育科学领导小组办公室	2004
37	生物制药学实验教学改革的实践与思考	吉林省教育科学优秀成果二等奖	吉林省教育科学领导小组办公室	2004
38	综合实验采用开放式实验教学方式的探索	吉林省教育科学优秀成果二等奖	吉林省教育科学领导小组办公室	2004

序号	获奖内容	获奖名称及等级	颁奖部门	获奖时间/年
39	探索性实验是高素质创新型人才培养的有效途径	吉林省第五届教育科学优秀成果二等奖	吉林省教育科学研究领导小组办公室	2006
40	实验是技能与知识的有机结合	吉林省第五届教育科学优秀成果三等奖	吉林省教育科学研究领导小组办公室	2006
41	生物实验教学	第六届吉林省生物化学与分子生物学会"优秀教学成果奖"	吉林省生物化学与分子生物学会	2006
42	细胞色素 P450 2C9 基因多态性及其对药物代谢的影响	吉林省生物化学与分子生物学学术大会优秀论文奖	吉林省生物化学与分子生物学会	2006
43	大学生创新实验基地	共青团长春市工作创新奖	共青团长春市委	2007
44	长春市高校系统精神文明建设活动	长春市高校系统精神文明建设先进个人	长春市委宣传部长春市高等学校工作委员会	2007
45	高校生物基础实验教学中心建设研究与实践	吉林大学教育教学成果奖一等奖	吉林大学	2005
46	普鲁兰酶中氨酸残基的化学修饰	吉林大学"本科生研究机会计划"研究成果指导一等奖	吉林大学	2004
47	生化实验教学方法的改革与实践	吉林大学教育教学成果奖二等奖	吉林大学	2004
48	细胞生物学课程体系优化、教学手段现代化与改革考试方式的研究	吉林大学教育教学成果三等奖	吉林大学	2004
49	生物实验教学中心	吉林大学组织工作标兵单位	吉林大学	2007
50	《植物生物学》网络课程	吉林大学教育教学成果三等奖	吉林大学	2004
51	高活力蛋白酶硒米曲霉的筛选	吉林大学"本科生研究机会计划"研究成果指导三等奖	吉林大学	2005
52	茯苓多糖的提取及氧化活性的研究	吉林大学"本科生研究机会计划"研究成果指导三等奖	吉林大学	2005
53	指导的近红外-PLS法测定甲醇、乙醇和水混合物	吉林大学"本科生研究机会计划"研究成果指导三等奖	吉林大学	2005
54	生物学实验教学	吉林大学"教学示范教师"奖	吉林大学	2003
55	吉林大学"教学名师"	吉林大学"教学名师"奖	吉林大学	2006
56	吉林大学 2006 年师德标兵	吉林大学师德标兵	吉林大学	2007
57	生物学基础实验	吉林大学精品课	吉林大学	2003
58	细胞生物学教学	吉林大学第二届青年教师水平大赛优秀奖	吉林大学	2005
59	药理学	吉林大学第二届青年教师水平大赛优秀奖	吉林大学	2005

续表

序号	获奖内容	获奖名称及等级	颁奖部门	获奖时间/年
60	学生科技创新奖园丁奖	吉林大学学生科技创新园丁奖	中共吉林大学委员会	2003
61	第四届"挑战杯"吉林大学大学生课外学术科技作品竞赛	优秀组织奖	"挑战杯"吉林大学大学生课外学术作品竞赛组委会	2004
62	吉林大学"挑战杯"大学生课外学术科技作品竞赛	优胜杯	"挑战杯"吉林大学大学生课外学术作品竞赛组委会	2004
63	第五届"挑战杯"雅鹿吉林大学课外学术科技作品大赛	优秀组织奖	共青团吉大委员会吉林大学大学生科技协会	2006

（二）本科生竞赛获奖（共 148 项，其中中国青少年科技创新奖 2 项，全国大学生"挑战杯"一等奖 2 项，吉林省大学生"挑战杯"奖 6 项，校级奖 41 项，基地奖 97 项）

序号	获奖名称	获奖类型	级别	颁发单位	获奖者	时间
1	—	首届中国青少年科技创新奖	一等奖	团中央、全国青联、全国学联、中国少工委	陈佳	2004 年
2	—	第四届中国青少年科技创新奖	一等奖	团中央、全国青联、全国学联、中国少工委	滕乐生	2007 年
3	兽疫链球菌突出株的透明质酸的纯化及表征	第八届"挑战杯"全国大学生课外学术作品竞赛	一等奖	团中央、中国科协、教育部、全国学联、广东省政府	洪水声 陈佳	2003 年
4	Folin B 近红外分光光度法测定维生素 C	第九届"挑战杯"飞利浦全国大学生课外学术科技作品竞赛	一等奖	团中央、中国科协、教育部、全国学联、上海市政府	张大海 杨婷	2005 年
5	兽疫链球菌突出株的透明质酸的纯化及表征	"挑战杯"吉林省大学生课外学术作品竞赛	一等奖	吉林省团委、吉林省科协、吉林省教育厅、吉林省学联	陈佳 洪水声	2003 年
6	用近红外光谱-PLS法非破坏性分析吡嗪酰胺片	"挑战杯"吉林省大学生课外学术作品竞赛	特等奖	吉林省团委、吉林省科协、吉林省教育厅、吉林省学联	滕乐生 王迪	2007 年
7	响应面法优化八角茴香中莽草酸超声提取条件的研究	"挑战杯"吉林省大学生课外学术作品竞赛	特等奖	吉林省团委、吉林省科协、吉林省教育厅、吉林省学联	王迪	2007 年
8	Folin B 近红外分光光度法测定维生素 C	"挑战杯"吉林省大学生课外学术作品竞赛	一等奖	吉林省团委、吉林省科协、吉林省教育厅、吉林省学联	张大海 杨婷	2005 年

续表

序号	获奖名称	获奖类型	级别	颁发单位	获奖者	时间
9	林蛙抗菌肽的制备与制剂研究	第十一届吉林省青少年科技创新大赛	一等奖	吉林省科协、吉林省教育厅、吉林省环保局	刘　睍 王昕瞳 姜　勋	2006 年
10	苹果互动健康传媒有限责任公司	第四届"挑战杯"吉林省大学生创业大赛	金奖	吉林省团委	王　曦 吴　漾	2008
11	透明质酸酶的色氨酸残基修饰与荧光光谱研究	"挑战杯"吉林省大学生课外学术作品竞赛	二等奖	吉林省团委、吉林省科协、吉林省教育厅、吉林省学联等	初宇卓 王　静	2005 年
12	普鲁兰酶中氨酸残基的化学修饰	吉林大学"本科生研究机会计划"研究成果	一等奖	吉林大学	张媛媛 范　豪 于　琦	2005 年
13	菊粉酶中色氨酸残基的化学修饰	吉林大学"本科生研究机会计划"研究成果	一等奖	吉林大学	刘　仙 高国粉 杨　丽	2006 年
14	基于径向基人工神经网络近红外光谱法快速测定云芝菌多糖	吉林大学"本科生研究机会计划"研究成果	一等奖	吉林大学	胡成旭 吴　凌 马腾宇	2007 年
15	近红外光谱-PSL 法非破坏性分析吡嗪酰胺片	第五届"挑战杯"雅鹿吉林大学大学生课外学术科技作品竞赛	特等奖	中国共青团吉林大学委员会	滕乐生 王　迪	2006 年
16	香菇真菌发酵的最佳氮源及香菇多糖的纯化	吉林大学 2002 年"华为杯"学生课外学术作品竞赛	一等奖	中国共青团吉林大学委员会	陈　佳 秦　毅 徐越驰	2002 年
17	化学修饰法制备具有谷胱苷肽过氧化物酶活性的含硒透明质酸化合物	第四届"挑战杯"吉林大学大学生课外学术科技作品竞赛	一等奖	中国共青团吉林大学委员会	洪水声 陈　佳	2004 年
18	研究何首乌等三种中草药对酪氨酸酶活性的影响	第四届"挑战杯"吉林大学大学生课外学术科技作品竞赛	一等奖	中国共青团吉林大学委员会	韩　璐 王嵩成 杨　萍	2004 年
19	兽疫链球菌突出株的透明质酸的纯化及表征	吉林大学学生科技创新奖	一等奖	中共吉林大学委员会	洪水声 陈　佳	2003 年
20	药品评论互动传媒	吉林大学大学生创业"金点子"大赛	一等奖	中国共青团吉林大学委员会	王　曦 吴　漾	2008 年
21	聚合酶项目创业计划书	第四届"挑战杯"吉林大学大学生创业计划竞赛	银奖	中国共青团吉林大学委员会	王　曦 孙　悦 宁廷鲁 任　龙	2007 年

续表

序号	获奖名称	获奖类型	级别	颁发单位	获奖者	时间
22	支持向量机在近红外漫反射光谱快速测定异福酰胺中的应用	吉林大学"本科生研究机会计划"研究成果	二等奖	吉林大学	滕乐生 年综潜 张幕良	2006 年
23	透明质酸酶的色氨酸残基修饰与荧光光谱研究	第四届"挑战杯"吉林大学大学生课外学术科技作品竞赛	二等奖	中国共青团吉林大学委员会	初宇卓 张晓萍 王　静	2004 年
24	酶解核桃仁制备低分子肽方法的研究	第四届"挑战杯"吉林大学大学生课外学术科技作品竞赛	二等奖	中国共青团吉林大学委员会	胡　鑫	2004 年
25	菊粉酶中色氨酸残基的化学修饰	第五届"挑战杯"雅鹿吉林大学大学生课外学术科技作品竞赛	二等奖	中国共青团吉林大学委员会	刘　仙	2006 年
26	关白附多糖的提取及其抗氧化性研究	第五届"挑战杯"雅鹿吉林大学大学生课外学术科技作品竞赛	二等奖	中国共青团吉林大学委员会	张　娜	2006 年
27	近红外线光谱结合化学量学测定八角茴香中有效成分含量	吉林大学"本科生研究机会计划"研究成果	二等奖	吉林大学	李国庆 张华飞 康　建	2007 年
28	茯苓桑黄菌液体发酵条件的探索及活性	吉林大学"本科生研究机会计划"研究成果	二等奖	吉林大学	李　扬 孙　莹	2007 年
29	桑黄菌发酵条件的探索及多糖生物活性的研究	吉林大学"本科生研究机会计划"研究成果	二等奖	吉林大学	汪传高 岳吉成	2007 年
30	健康咨询小屋	吉林大学大学生创业"金点子"大赛	二等奖	中国共青团吉林大学委员会	李永乐 吴　漾 姚远超	2008 年
31	财智双赢网	吉林大学大学生创业"金点子"大赛	二等奖	中国共青团吉林大学委员会	吴　漾 李永乐 姚远超	2008 年
32	红花芸豆色素的提取、稳定性、纯化及鉴定研究	第十届"挑战杯"山东大学威海分校大学生课外科技学术作品竞赛	三等奖	山东大学威海分校	陈　阳 王军华	2007 年
33	高活力蛋白酶硒米曲霉的筛选	吉林大学"本科生研究机会计划"研究成果	三等奖	吉林大学	陈　勇 王　璐	2005 年
34	茯苓多糖的提取及氧化活性的研究	吉林大学"本科生研究机会计划"研究成果	三等奖	吉林大学	万奕含 高　扬 陈一倩	2005 年

续表

序号	获奖名称	获奖类型	级别	颁发单位	获奖者	时间
35	近红外-PLS 法测定甲醇、乙醇和水混合物	吉林大学"本科生研究机会计划"研究成果	三等奖	吉林大学	赵 航 韦 韦	2005 年
36	偏最小二乘法用于近红外漫反射光谱快速分析异福片	吉林大学"本科生研究机会计划"研究成果	三等奖	吉林大学	陈渝飞 石 健 王 一	2006 年
37	芋头多糖的提取及生物活性的研究	吉林大学"本科生研究机会计划"研究成果	三等奖	吉林大学	张 娜 高 畅 梁小璇	2006 年
38	藕多糖的提取及生物活性的研究	吉林大学"本科生研究机会计划"研究成果	三等奖	吉林大学	张丽双 王 瑜 职 润	2006 年
39	谷胱甘肽过氧化物酶模拟物蹄化透明质酸的合成及酶学研究	吉林大学"本科生研究机会计划"研究成果	三等奖	吉林大学	张博珣 彭清林	2006 年
40	近红外光谱-PLS 法测定甲醇乙醇和水三元混合物	第四届"挑战杯"吉林大学大学生课外学术科技作品竞赛	三等奖	中国共青团吉林大学委员会	赵 航 韦 韦 吴佳桢	2004 年
41	高蛋白酶活富硒米曲霉的选育	第四届"挑战杯"吉林大学大学生课外学术科技作品竞赛	三等奖	中国共青团吉林大学委员会	陈 勇 王 路	2004 年
42	安络小皮伞菌丝体多糖的提取及其抗氧化性研究	第五届"挑战杯"雅鹿吉林大学大学生课外学术科技作品竞赛	三等奖	中国共青团吉林大学委员会	王 曦	2006 年
43	苦蘵多糖的提取及生物活性的研究	第五届"挑战杯"雅鹿吉林大学大学生课外学术科技作品竞赛	三等奖	中国共青团吉林大学委员会	吴宇杰	2006 年
44	茶叶对松茸液体发酵的影响	吉林大学"本科生研究机会计划"研究成果	三等奖	吉林大学	关 霓 王耀新 王显亮	2007 年
45	高产 SOD 啤酒酵母的诱发（高压、紫外）及免疫学筛	吉林大学"本科生研究机会计划"研究成果	三等奖	吉林大学	于忠胜 王 琚	2007 年
46	苦蘵多糖的提取及其抗氧化活性的研究	吉林大学"本科生研究机会计划"研究成果	三等奖	吉林大学	孟昭坤 吴宇杰	2007 年
47	竹醋对茯苓发酵及其多糖活性的影响	吉林大学"本科生研究机会计划"研究成果	三等奖	吉林大学	孙熙麟 吕言云 汪 琼	2007 年

序号	获奖名称	获奖类型	级别	颁发单位	获奖者	时间
48	抗幽门螺旋杆菌的卵黄抗体保健品项目创业计划书	第四届"挑战杯"吉林大学大学生创业计划竞赛	铜奖	中国共青团吉林大学委员会	金　璐 宣文洋 陈佳亭 董诚岩	2007 年
49	刺五加多糖的提取及其活性研究	第四届"挑战杯"吉林大学大学生课外学术科技作品竞赛组	优秀奖	中国共青团吉林大学委员会	于笑坤 徐睦芸 高智慧	2004 年
50	Folin B 近红外分光光度法测定维生素 C	第四届"挑战杯"吉林大学大学生课外学术科技作品竞赛组	优秀奖	中国共青团吉林大学委员会	张大海 杨　婷	2004 年
51	苗芽短梗霉原生质体激光诱变选育普鲁兰高产菌株及普鲁兰的结构表征	第四届"挑战杯"吉林大学大学生课外学术科技作品竞赛组	优秀奖	中国共青团吉林大学委员会	王　莹 王雪松	2004 年
52	—	吉林大学 2006 年学生"学术之星"	校级	中国共青团吉林大学委员会吉林大学学生会吉林大学科协	张大海	2006 年
53		"创新实验"大学生学术科技作品奖 97 项	基地奖	吉林大学大学生科技创新实践基地	—	2003～2008 年